U0224884

神州古树秀木鉴赏

图书在版编目（CIP）数据

神州古树秀木鉴赏 / 朱绍远，孙杰，冯丽雅主编

. -- 北京：中国林业出版社，2017.9

ISBN 978-7-5038-9268-4

Ⅰ. ①神… Ⅱ. ①朱… ②孙… ③冯… Ⅲ. ①树木—

鉴赏—中国 Ⅳ. ① S717.2

中国版本图书馆 CIP 数据核字 (2017) 第 217709 号

主　　编： 朱绍远　孙杰　冯丽雅

副 主 编： 赵贵江　张长征　徐永善　侯鲁文　马祥梅　张铭华　赵朝良

编　　委： 王玉峰　张宪华　周传庆　李永海　安传忠　蒋镜丽　王郑好　郝书良　黄　剑　闫德法　王　迎　黄国强　黄元刚　朱永金　邱朝霞　纪晓农　韩建斗　张宗文　党桂清　王　猛　边晓慧　李国华

首席摄影： 郭成源

摄　　影： 梁淑贞　朱绍远　孙　杰　冯丽雅　侯鲁文　魏传法　孙宗双　安文龙　许广达　刘克勤　于宪俊　段培坤　王建华　张广渡　任红坤　单　峰　裴厚传　陈　勇　姚群生　王忠革　陈兴振　邱政芳　刘正会　闫红敏　姜红欣

艺术印章篆刻： 唐凤岐（北京）

中国林业出版社

责任编辑：李 顺 薛瑞琦

出版咨询：（010）83143569

出版：中国林业出版社（100009 北京西城区德内大街刘海胡同 7 号）

网站：http://lycb.forestry.gov.cn/

印刷：北京卡乐富印刷有限公司

发行：中国林业出版社

电话：（010）83143500

版次：2017 年 9 月第 1 版

印次：2017 年 9 月第 1 次

开本：889mm×1194mm 1／16

印张：14

字数：200 千字

定价：298.00 元

前言

我国是具有五千年悠久历史的文明古国，神州大地上生长有大量的古树秀木，它们是我国数千年自然沧桑历史变化的见证，也是我国宝贵的自然历史遗产。森林和树木自古就为人类提供了住所、氧气及食物，是人类生存的依托。而能生存千百年的古树秀木更是经受了严峻大自然考验的英雄和功勋植物，更值得我们崇尚和爱护。我国知名园林专家陈从周先生生动的说到："古树名木是一园之胜，左右大局，如果把这些饶如画意的古树名木去了，一园景色顿减。"

每一棵古树秀木，都是经过了大自然漫长的洗礼和雕刻，其形体或巍峨壮观，或奇特怪异，或秀美绝伦，均有鬼斧神工之妙，都是大自然的绝妙佳作，具有极高的艺术欣赏价值。目前我国园林绿化行业兴起古树热，不惜代价大量采用古树作为风景树。例如洛阳白马寺 2015 年一次性从全国各地购进高 20 米以上，胸径 90 厘米以上，树龄五百年以上，树形通直的古银杏树 10 株，栽植在寺内各个路口，也确实把寺院衬托的无比幽静深秀、古朴壮观。其实，园林绿化是一门环境艺术科学，道法自然，我们大可从各种古树形象里寻找灵感，得到艺术启迪，而把园林绿化艺术提高到一个新水平。我们日常生活无时不向往风景秀丽，而风景秀丽断然少不了峰奇树秀，所以说古树秀木是我们人类对环境美追求的重要载体。古树秀木是自然界和前人留给我们的珍贵遗产，是人类生态资源中的瑰宝，且失而不可复得。我们热爱大自然，热爱祖国，就更应关爱和保护我们周围的古树秀木，这也正是我们此书编写的目的所在。

我国古树秀木繁多。我们跋涉全国，从众多的古树秀木中筛选出极具观赏价值、特色明显的 170 株古树（奇木）进行鉴赏。每株古树（奇木）附有 1~3 幅精美彩色图片来展现其神韵，且附诗词一首，以形象的概括其欣赏亮点。另对每株古树（奇木）都附有简要文字说明，对其产地、高度、胸径、树龄及相关人文历史资料均有简要阐述。本书最后对古树名木的移植、养护技术要点有专门的介绍。此书图文并茂，知识性、技术性、观赏性、趣味性兼备，是广大林学专业、园林专业大中专学生及大自然爱好者不可多得的良师益友。

鉴于编者水平有限，书内错误及不妥之处在所难免，敬请批评指正。

作者　2017，2，20

目 录

CONTENTS

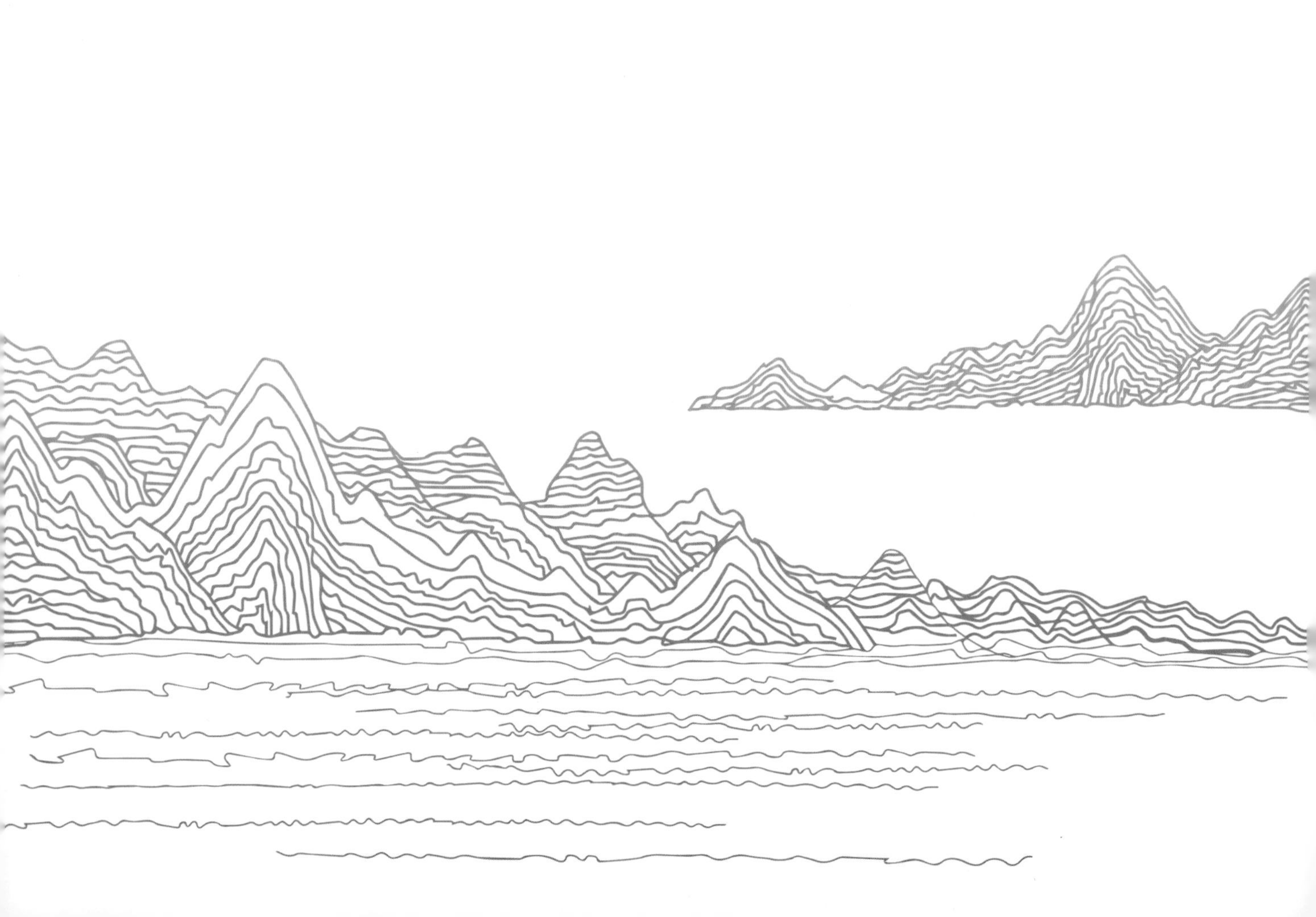

第一篇·古银杏篇

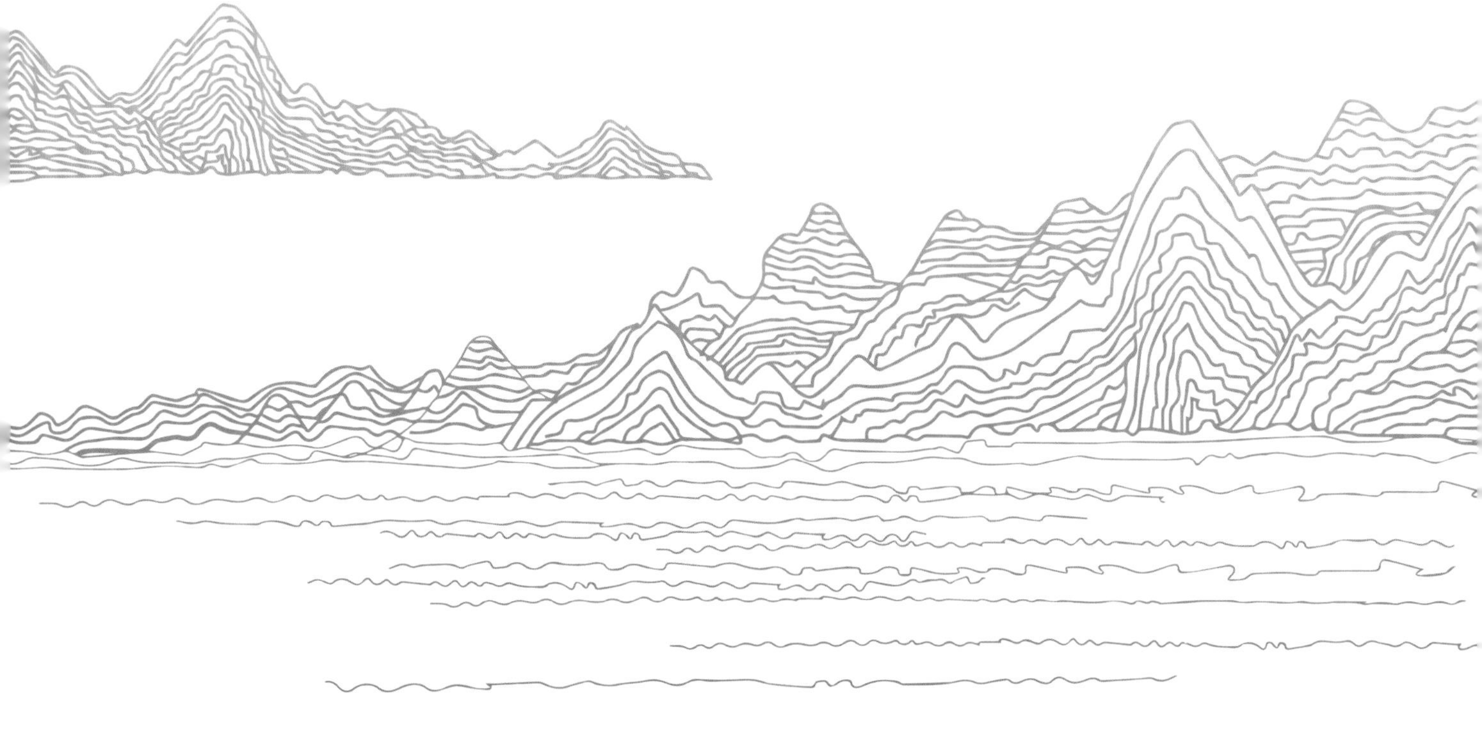

大树秋色 梁淑贞 摄影

巍巍大树笼浮丘　天下银杏第一树

银杏科银杏

山东莒县天下银杏王

莒县浮来山定林寺内有一颗银杏大树，传说为东周春秋时期齐国和莒国国君会盟时栽下，已有四千多年历史 。这棵银杏树生命力极强，至今仍枝繁叶茂，其树高 24.7 米，胸围 15.7 米。相传很久以前，一女子来此暂避风雨，倚树而立。恰在此时，又有一秀才来此想实地测量一下大银杏树的粗度，便从女子身旁的一侧量起，量了七搂，又拃了八拃，而那女子仍未挪动，秀才不好再量，于是就默默自语道：“树粗七搂八拃一媳妇”，未想到此语竟被后人传为笑谈。

银杏王

神灵之树

古树秋色

拔地而起通九霄　岁月沧桑三千年

银杏科银杏
Ginkgo biloba L.

山东郯城县新村乡银杏王

此树位于素有“中国银杏之乡”称谓的山东省郯城县新村乡，矗立沂河岸边，是迄今发现的最大的一棵银杏雄株。树高42米，围8米有余，谷雨时节可为方圆几十公里的银杏雌树授粉，立冬后枝叶犹绿，落叶时集中于四时辰落尽，彼时似漫天金蝶飞舞，蔚为壮观。据《北窗琐记》记载，此树植于周代，传为郯国国君所种，距今已有三千多年历史。因其年代古老悠远，传说甚广，当地百姓呼之为“老神树”。

巍巍壮观

银杏科银杏
Ginkgo biloba L.

北京潭柘寺帝王树

北京潭柘寺的大殿前，有一棵银杏树。这棵树植于唐贞观年间，树龄已过千年。树高 40 余米，胸干周长 9 米，遮阴面积达 600 平方米。当年的乾隆皇帝，看到这棵树后，当即下旨，封其为“帝王树”。这是迄今为止，皇帝对树木御封的最高封号。相传在清代，每有一代新皇帝继位登基，就从此树的根部长出一枝新干来，以后逐渐与老干合为一体。北方高僧以此树代表菩提树，视为佛门圣树，距今已有千年。此树为我国十大名树之一。

雄伟壮观帝王树　风雨沧桑一千年

拔地而起

嵩山少林寺古银杏

河南嵩山少林寺，寺院内有棵苍劲挺拔、有1500多年历史的银杏树，它高25米，胸径1.6米，冠幅达37米。遥想当年“十三棍僧救唐王”的故事在它面前上演时，它早已过了耄耋之年！它见证了少林寺的发展、创建、没落、重生。

六朝古物越千年　从知润物有渊源

千年银杏

少林寺大殿

大树隆冬雪景

庞然大物

银杏种实

银杏科银杏

山东新泰市白马寺古银杏

从新泰市石莱镇驻地向南远望白马山，只见它山峰高低起伏，俨然似浴后仰卧休憩的美女，浑然天成，惟妙惟肖，故白马山又称“玉女峰”。白马寺，古时称石城寺，处于山谷深处。当年的石城寺，寺院建筑恢弘，古朴典雅，前有钟楼，后有大雄宝殿，东西各有厢房，北有千手千眼观音殿，东有泰山奶奶庙，游人如织，香火旺盛，每逢山会，四方商贸云集。寺内有三棵古银杏树，成等腰三角形，呈鼎立之势。三棵银杏树，以中间一株最为高大秀欣，高 36.7 米，胸围 9.62 米，树冠覆盖面积达 860 平方米，为世间罕见。据专家考定，此树有 2800 多年的历史，被誉为“银杏之王”。相传圣人孔子曾在此品茗乘凉。

殿前银杏堪留饮　吩咐衲僧奉酒瓢

山东费县城阳村唐银杏

费县薛庄镇城阳村大银杏树，系唐代种植，树高 30 米余，胸径近 2.5 米，距今大约 1300 年了，远近闻名，至今仍然生长旺盛。和其他的银杏树一样，它所在的地方原来也是一座寺院，石碑显示原为唐代观音殿。

拔地而起

庞然大物

五人合抱

拔地而起唐银杏　千年沧桑阅古今

银杏科银杏
Ginkgo biloba L.

山东枣庄市张塘大银杏

张塘银杏树位于台儿庄区张山子镇张塘村，这里山峦起伏，泉水淙淙，珍禽异兽出没林间。据记载，这株古树已有二千五百九十多年历史，树高 20 余米，胸径 2.52 米，古朴苍劲，千米之外，可观其雄姿。此树自地上 3 米处，分生六大主枝，或斜或立，错落有致，竞相延伸；仰面观之，似数条苍龙飞舞于空中，所成树冠，遮地盖天。如巨伞遮天蔽日。

古朴苍劲拔地起

犹如巨龙舞当空

好大一棵树

拔地而起

古树全景

古刹山门

银杏科银杏
Ginkgo biloba L.

山东费县丛柏庵唐银杏

费县县城以南 12.5 公里原许家崖乡驻地东面有一座山叫玉环山，玉环山前的丛柏庵院内有一棵唐代所植的古银杏树，树高约 40 米，树围 8 米，直径 2.5 米，树荫遮地面积约 800 平方米，至今根深叶茂。深秋时节，金叶满枝，分外耀眼。

巍巍大树参天高　古刹深处映金辉

古刹山门

银杏科银杏

山东泗水县安山寺千年银杏树

安山寺位于泗水县城东南 15 公里，坐落在泗水县泗张镇境内。安山寺建于唐贞观二十三年（公元 649 年），明清三次重修，成为当时泗水县的第二大寺院。寺内两棵古银杏，一雌一雄，树高 30 余米，径粗近 2 米，树龄 1700 余年，树势极为壮观。

晨钟暮鼓警醒尘世名利客　经声佛号唤回世间迷路人

大树秋色

拔地而起 李士男 摄影

银杏科银杏 Ginkgo biloba L.

山东临沂兰山区大姜庄古银杏

姜氏祠堂座落在兰山区临沂枣园镇大姜庄村，内有正殿、东殿、西殿、祖碑等建筑，院内一棵古银杏树至今650余年，树高40米，枝繁叶茂，接近5个成年人现场搂抱才能合围，长势茂盛，现为山东省内最高的银杏树，为区级重点保护文物。姜氏祠堂有族人专门管理，自称是姜子牙后人，院中很多姜氏后人捐献立碑留念。

拔地而起四十米　五人搂抱难合围

五搂有余 李士男 摄影

根盘 李士男 摄影

参天之高

大树秋色

银杏科银杏 Ginkgo biloba L.

山东肥城市大寺汉银杏

大银杏树高 22.15 米，胸径 1.72 米，基部周长 10.35 米，冠径东西长 21.3 米，南北长 15.5 米，主干之上 4 个分枝，直径均 1 米左右，虬枝繁茂，遮荫近亩，甚为壮观。石横镇大寺村西头原有一座正觉寺，相传植于汉代，树龄已有 2000 年之久，距我国先贤左丘明墓相距为一箭之地。左丘明（姓邱，左为当时官职），中国春秋时史学家，鲁国人，双目失明，专司记诵、讲述有关古代历史和传说，口耳相传，以补充和丰富文字的记载。相传著有《左传》和《国语》，两书记录了不少西周、春秋的重要史事，被誉为我国先儒及先贤经典之作，其史学贡献可与孔子并论。相传我国各地邱氏国人多为左丘明之后，其中不乏名人、贤达。山东聊城大学邱艳昌教授多年来热心致力于左丘明历史文化的探讨，做了不少有益的工作。

左丘明墓

巍巍壮观参天树　一箭之地瞻先贤

参天大树

银杏科银杏
Ginkgo biloba L.

太清宫千年古银杏

青岛太清宫内古树名花繁多，仅百年树龄以上的古银杏就有21棵，其中1000年以上的5棵，700年以上的3棵，500年以上的8棵。其中最大一株银杏树高30余米，胸围近4.5米，极为壮观。每到深秋，这些古银杏树一片金黄，气势极为壮观，吸引众多的游客和摄影爱好者前来观赏和拍摄。

参天而立古银杏　秋来大树洒金辉

硕果

古寺秋色

万紫千红

墓塔林

银杏科银杏
Ginkgo biloba L.

济南灵岩寺古银杏树

济南灵岩寺风景区内有十几棵银杏大树，树高都在 20 米以上，胸径多在 80 厘米以上，树龄多达 500 余年。每年十一月初前后，出现“灵岩金秋”胜景，早晨的阳光照射在微微泛黄的树叶上，金灿灿的颜色十分迷人，很多游人前来观景赏秋，美景、美人相映生辉惹人醉。灵岩寺，地处济南市长清区万德镇境内，地处泰山西北，现为世界自然与文化遗产泰山的重要组成部分。灵岩寺始建于东晋，于北魏孝明帝正兴元年开始重建，至唐代达到鼎盛，有辟支塔、千佛殿等景观。灵岩寺佛教底蕴丰厚，自唐代起就与南京栖霞寺，浙江天台国清寺，湖北江陵玉泉寺并称天下“四大名刹”。

一日寒霜降　万山皆红遍

第二篇·古柏篇

禅院秦柏全景

柏科圆柏
Sabina chinensis (L.) Ant.

山西介休市绵山禅院秦柏

秦柏位于介休市西南 15 公里处的西观村柏树岭，相传为秦初植种，距今有 2200 多年的历史。树根部围长 16.7 米，树高 16 米，主杆高 2.6 米，距离地面 1.5 米处的树围 11.8 米，之上分有 10 个大树杈，每个枝杈平均周长 3.1 米，最粗一枝周长 4.75 米。此树现仍枝繁叶茂，树荫覆盖面积近 300 平方米。树干胸围为全国柏树之最，属国家一级保护古树，享有“华夏第一柏”之美誉，已载入世界吉尼斯记录。

参天古柏傲苍穹　岁月沧桑二千年

胸径 4 米余，神哉！奇哉！

云枝　标石

柏科圆柏

陕西省轩辕庙黄帝手植柏

黄帝手植柏位于陕西省中部黄陵县轩辕庙院内，高20余米，胸围11米，苍劲挺拔，冠盖蔽空，叶子四季不衰，层层密密，像个巨大的绿伞。相传它为轩辕黄帝亲手所植，距今5000多年，是世界上最古老的柏树。当地有民谚："七搂八揸半，圪里圪垯都不算，谓七人合抱犹不合拢。"

华夏最老古柏树　见证沧桑五千年

黄帝手植柏

太庙古树群

柏科圆柏
Sabina chinensis (L.) Ant.

北京太庙古柏

北京太庙的第一道围墙和第二道围墙之间栽植了大量的柏树，至今还有近 800 株古柏，环绕着太庙中心建筑群，与黄瓦红墙交相辉映。古柏使太庙更显得肃穆、清幽，形成了太庙独有的亮丽风景线。太庙的古柏树多为侧柏或圆柏，据说大多数是由陕西黄陵移植过来的，树龄多达数百年，甚至千年以上。有的古柏胸径有数米，枝叶横斜，隐天蔽日，蔚为壮观，见证着种种传说和太庙的沧桑历史。

红墙绿树交相映　八百古柏蔽天日

流年有痕

皮瘤

传奇古树　云枝　神韵

柏科圆柏
Sabina chinensis (L.) Ant.

崂山太清宫汉柏

在崂山太清宫三皇殿西侧有一侧柏树，树高 20 米，胸围 3.9 米，树冠东西 8 米，南北 16 米，树龄 2100 年，因植于汉代，故称“汉柏”。该树已入选国家林业局评选的“中国百株传奇古树”。相传为西汉年间太清宫开山始祖张廉夫手植。

树干似蛟龙　枝叶如流云

古树群
怪柏
奇桧

柏科圆柏
Sabina chinensis (L.)Ant.

山东邹城市孟庙奇桧怪柏

孟庙内共有各种树木多达430多株，多为古老的松、桧和侧柏，又有银杏、古槐、紫藤等点缀其间。这些树木，冬夏长青，形状特殊别致，如蟒如龙，如兽如凤，千奇百怪，姿态各异。其中有宋宣和年间建庙时所栽植的桧柏，已有近900年的历史了，虽然历经风雨雷电和兵火战乱的侵袭摧残，现在依然是枝干挺拔，苍郁茂盛。

苍郁挺拔如仙境　千奇百怪老桧柏

汉柏连理

柏科圆柏

泰山岱庙汉柏连理

“汉柏连理”又称“双干连理”、“汉柏凌寒”。据传为汉武帝刘彻亲手所栽，距今已 2500 余年。乾隆巡视泰山时为此树绘画赋诗，诗碑立在古树左侧。这也是汉代仅存六棵古汉柏之一。

上天愿作比翼鸟
在地愿做连理枝

汉柏图（国画）

古树雪景

柏科圆柏
Sabina chinensis (L.)Ant.

泰山岱庙古汉柏

此柏相传是汉武帝亲手种植，时间是元封五年，也就是公元前 106 年封禅泰山时候纪念栽种，截止到目前还有五棵，树龄均为 2000 余年。此汉柏的英姿非凡，枝娅苍劲挺拔，很有特色。有的时候，对于人类，树木真是长命，这些树木，倘若有灵，它们可以阅历人间世事多少年，是人类历史的最好见证。

古树英姿醉游人　岁月沧桑二千年

圆柏树冠云列三台

古树古坊旭日

柏科圆柏

Sabina chinensis (L.) Ant.

岱庙云列三台圆柏

岱庙云列三台为圆柏，主干端庄魁伟，树冠洒脱飘逸。虽然树干基部劈裂上下长 3.70 米，最宽处近 0.60 米，但仍生机勃勃，叶茂色正。树冠的三组叶团层叠有序，如翠云坠空。相传，泰山神启跸出巡，烈日当空，炎热难耐，忽飘来三朵祥云，形如华盖，罩玉辂之上，一时清凉舒泰，神颜大悦。回銮，泰山神欲封其秩位，祥云不受，驻足岱庙西花园，倏尔化为翠柏，亭亭然，遂封为祥云柏。

三枝叶丛如云朵　坠空揽翠避天日

扭曲连环

龙腾虎跃

柏科圆柏

Sabina chinensis (L.)Ant.

泰山汉柏第一

此树主干高仅 0.8 米，而直径达 1.1 米，三股枝叉扭曲盘旋而上，似龙飞凤舞。泰山红门关帝庙大殿后有古柏一株，树下石碑上书“汉柏第一”。此树果然生得形态奇特，极为罕见。树干树枝皆扭曲生长，像麻花或者说状如翻身虬龙；小枝小杈均盘旋扭曲恰似龙须龙爪。细观三大主枝，居中者如龙作欲飞状似刘备，旁边斜枝似端刀者即关公，又有似持戟者是张飞，故又有人称之为“结义柏”，此树已列入了世界遗产保护名录。

龙飞凤舞欲腾空

主枝酷似刘关张

铁骨雄姿

古柏虬韵（国画）

柏科圆柏

山西洪洞县苑川铁骨雄姿柏

在山西洪洞县苑川生长有一株千年古柏，树高 8 米余，胸径 1.8 米余，充分显现出一种铁骨雄姿的威武气概。“树老根弥坚，骄阳叶更荫”道不尽古树的挺拔傲天，铁骨铮铮；欺雪凌霜，伟岸粗犷。说不完古树的苍劲之美、传神之韵。一棵古树是一枚化石。在这些亘古孑遗，珍贵稀少的古树身上，记录了山川、气候的巨变和生物演替的信息，细数古树的年轮结构，探究古树的核染色体，古树古老的基因中隐含着对未来生存者的启迪。

铁骨雄姿精气神　苍劲挺拔传神韵

仙风道骨

柏科圆柏
Sabina chinensis (L.) Ant.

山东临清五祥松

临清市东郊陈坟村北有一株古柏，为明永乐年间首到此地的陈姓人所植。因此树叶子形状有竹篾、米粒、喇叭、针、刺 5 样，故俗称“五祥松”。此圆柏高 16 米，树围 2 米，树干中腰凸结叠出，树冠绿荫如伞，其枝曲弯蜿伸，似虬龙腾旋。每年春来，枝吐青翠，叶摇婆娑，姿态万千，游人纷至，凭栏观赏，感叹不已。此树近百年来不幸发生二次自焚，前后历时八个多小时，因而导致树体严重破坏。

枝柯蜿蜒如龙蛇　苍枯不与凡木同

见证风云

古树自焚现象

古树全貌

柏科圆柏

山东淄川区峨庄卧龙柏

这是一棵千年古柏，生长于淄川区太河镇柏树村。树高约 9 米，胸径约 1.2 米，树根特别庞大，且大部暴露于地表，主干严重倾斜卧龙状。根据相关资料记述，柏树村位于峨庄乡（现太河镇）西北 2.5 公里，约于元代建村。村子最早名为康家庄，后因为村舍均建于街道一侧曾被称为“半边店子”。明朝时期，因为村旁有古柏一株，遂改称柏树村。清末时期称为柏树头，1912 年重又称为柏树村。整个柏树村建于山坡之下，站在村口，隐约就能看到村子的全貌。

巨根横卧悬地上　好似巨龙要腾空

卧龙腾起

三搂有余

柏科圆柏
Sabina chinensis (L.) Ant.

山东青州市老山村九头柏

邵庄镇老山村中的古柏，树粗三人合抱，树冠浓郁，枝分九股，人称“九头柏”，这株古柏成为当地一大景观。此树主干基部连生，更具野趣，当地人称其为连体柏，何其妙哉！

拔地而起九头柏　树基连体一奇观

连体柏

直插蓝天

绿云九台

柏科圆柏

山东阳谷县海会寺古柏

海会寺座落于聊城市阳谷县阿城镇东南隅。寺内有千年古柏一株，树高约 15 米，胸径约 1 米余，拔地而起，极为壮观。海会寺始建于清康熙年间，后经乾隆、光绪年间两次扩建续修，形成了殿宇巍峨、楼阁连亘的清代典型古建筑群，为华北五大寺院之一。

直插蓝天

梵音洗耳听天籁　法鼓随云净人心

柏科圆柏
Sabina chinensis (L.)Ant.

泰山岱庙神灵柏

在泰山岱庙大殿正前，有一株枯死的古柏，树高约 14 米，胸径约 80 厘米，躯体以顺时针方向拧扭盘旋而上，纹理清晰，质感细腻，尤为奇特，荣称泰山岱庙八景之一。

死而不倒英雄魂　盘旋扶摇刺青天

古柏群

柏科圆柏
Sabina chinensis (L.) Ant.

山东宁阳县禹王庙龙头柏

宁阳县禹王庙位于伏山镇堽城坝村北，大汶河的南岸，座北朝南，占地16132平方米，沿中轴依次为大道、广场、庙门、神道、正殿、假山等建筑，东西两侧为掖门、东西两廊、石碑及古柏。庙内今存古柏11株，其中最大一株被视为大禹化身，树高15米、胸径1.52米，号称“齐鲁第一柏”。这一株古柏不仅挺拔苍劲，卓然不群，而且向东南方向斜伸的巨枝宛如蛟龙，正翘首张翼，龙须飘飘，恰似腾云驾雾，探爪欲飞。这棵古柏与水戚戚相关，形、神、韵天然合成，成为天下奇观。清代以来被誉为宁阳八景之一，美其名曰“虬枝歧柏”。

古庙丹青临汶渚　虬枝歧柏入画图

龙头柏云枝

禹王庙外景

展翅欲飞

柏科圆柏
Sabina chinensis (L.)Ant.

泰山岱庙仙鹤展翅柏

仙鹤展翅柏在孤忠柏西侧的甬道下，树高 6 米余，胸径 80 厘米，树龄达千年，古树的两枯枝平伸，如展翅欲飞的仙鹤，此为泰山岱庙八景之一。

身遭霹雳又逢春　仙鹤展翅别有趣

扭结　岱庙宋天贶殿 摄影 陈勇

古柏全景

巍巍古柏寺前立　迎来四方朝拜人

柏科圆柏

济南灵岩寺灵岩柏

此树生长在济南灵岩寺大门外，树高约 18 米，胸径约 90 厘米，树龄约 600 年。生长旺盛，枝稠叶密，极为壮观。寺始建于东晋，距今已有 1600 多年的历史。位于山东济南市西南泰山北麓长清县万德镇灵岩峪方山之阳。自东晋开始创寺，佛图澄的高足僧朗在此建寺。驻足灵岩胜景，你会感到，这里群山环抱、岩幽壁峭；柏檀叠秀、泉甘茶香；古迹荟萃、佛音袅绕。这里不仅有高耸入云的辟支塔，传说奇特的铁袈裟；亦有隋唐时期的般舟殿，宋代的彩色泥塑罗汉像；更有“镜池春晓”“方山积翠”“明孔晴雪”等自然奇观。故明代文学家王世贞有“灵岩是泰山背最幽绝处，游泰山不至灵岩不成游也”之说。

辟支塔

墓塔林

柏科圆柏
Sabina chinensis (L.) Ant.

苏州圣恩寺晋柏

圣恩寺中有姑苏最古老的四株古柏，生长在大雄宝殿的左右两侧，其中最高者树高 20 多米，树围有 5.2 米。相传为晋代之物，距今已有 1900 多年的历史，但仍英姿挺拔，苍郁葱葱。此树为姑苏城圣恩寺的历史见证。

山峦叠翠绝佳处　揽胜寻禅探幽地

古桧近景

古桧云枝

孔庙圆柏王

鹤立鸡群圆柏王　拔地而起通天地

曲阜孔庙圆柏王

孔庙中部十三碑亭处有一株高大、通直的古桧，挺立于天地之间，经历着风霜雨淋，倒真是铁骨铮铮的硬汉子。此树高约 25 米余，胸径 1 米余，树龄千年余。古树以苍老沉稳的姿态呈现，在我看来都硬朗且刚健，表达的都是对生命的尊重，都是对美好世界的向往。这些静止的物象，都在叙述着历史，苍老着岁月，都在天地间成就着生命的壮美，构成着特有的历史画卷。

山东曲阜颜庙华表柏

上下通直颇壮观　顶端有翼似华表

柏科圆柏
Sabina chinensis (L.) Ant.

曲阜颜庙华表柏

此树位于曲阜颜庙内。唐代所植，清代已枯死。枯树高约16米，胸径约50厘米，树龄千年余。由于树干通直、粗壮，顶端有双翼，似华表，格外壮观，故人们称其为“华表柏”，清代有人为此还专门立碑为证。此树上下螺旋状扭曲，颇具野趣。

第三篇·古樟篇

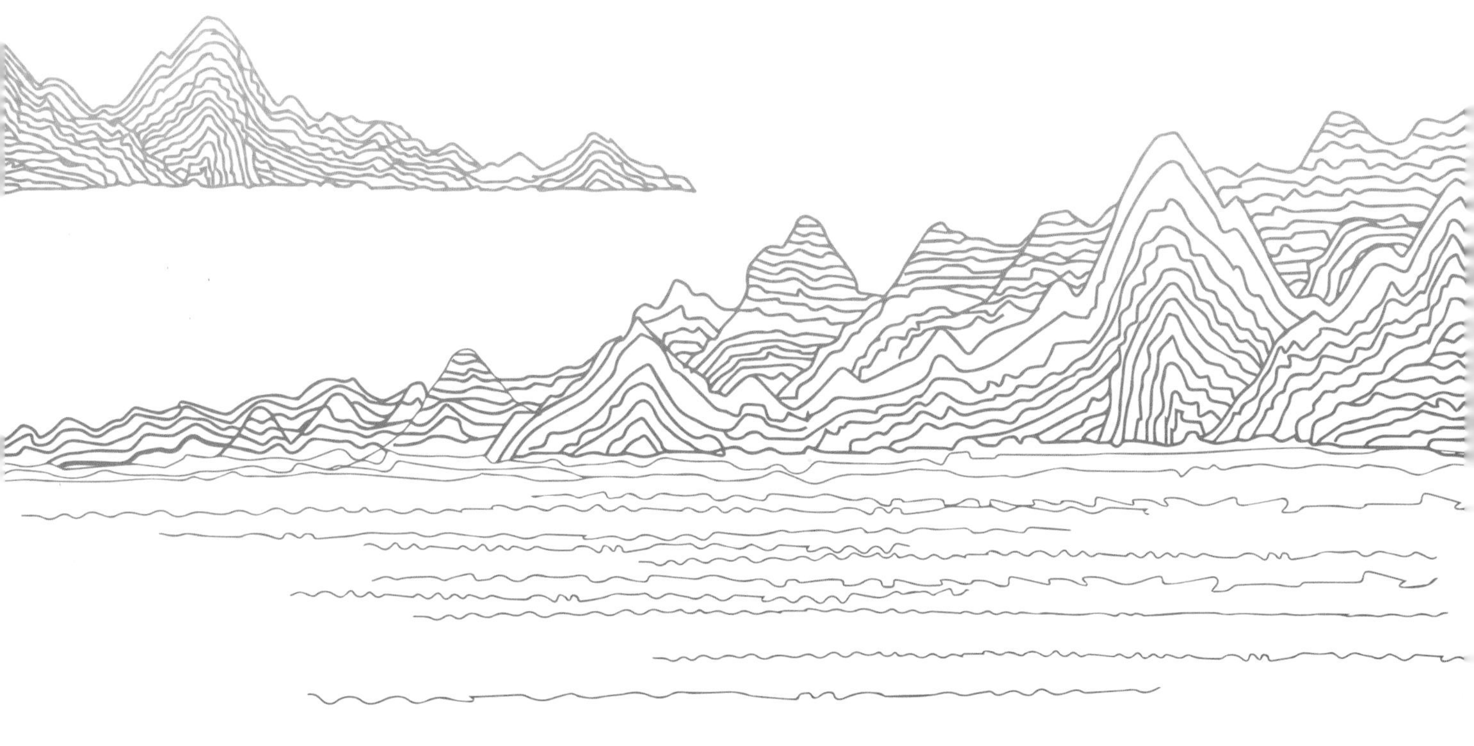

天下第一樟

樟科香樟
Cinnamomumcamphora (L.) Presl

江西婺源严田古樟

严田古樟民俗园是婺源县极具山水田园特色的精品旅游景点之一，景区内生长着一棵举世罕见，被村民拜为树神的千古樟王，该樟树历经 1600 多年沧桑，树胸围近 14 米，树冠幅达 3 米，堪称天下第一樟。景区是婺源县保存最为完好的水口（村口）文化遗址。古樟、古桥、茶亭、鱼塘、人家、小桥、流水等与周边自然田园风光浑然一体，交相辉映。景区内文化品位厚重，田园风光秀美，既可旅游又可休闲度假。所到旅客无不有返朴归真、回归自然的真实感受。

村烟袅袅鸡犬闻　罕见天下第一樟

庞然大物

恋恋不舍

大树株景

樟科香樟

Cinnamomum camphora (L.) Presl

上海人民公园大香樟

上海人民公园内生长有一株大香樟树，树高约 28 米，胸围约 5.5 米，圆形树冠，冠幅直经约 25 米，是当地人们休闲、活动的场所。夏日浓荫华盖，树荫下可容三百余人乘凉，在当地成为一大风景宝地。

浓荫华盖遮天地　三百余人同乘凉

叶芽

果实

江南第一樟

下根磅礴达九泉　上枝摇荡凌云烟

樟科香樟

婺源县虹关村江南第一樟

虹关古村建于南宋，有“吴楚锁钥无双地，徽饶古道第一关”之称。村头溪畔，兀然屹立着一棵古樟，树龄有 1000 余年，树高 26.1 米，胸径 3.4 米，冠幅达三米，气势非凡，被誉为“江南第一樟”。虹关村坐落婺源第二高峰——高湖山南端，村庄背枕青山，面临清溪，整个村落嵌于锦峰绣岭、清溪碧河的自然风光之中，展现了房屋、树木与自然环境巧妙结合的神美意境。

寺内百年香樟古树

樟科香樟
Cinnamomumcamphora(L.)Presl

浙江普陀山普济寺古香樟

普济寺的古香樟树龄 600 余年，树高近 30 米，胸径 2.4 米。树势雄伟壮观，遮天蔽日，为普济寺增添不少灵气。香樟为常绿大乔木，高可达 30 米，直径可达 3 米，树冠广卵形；是优良的绿化树、行道树及庭荫树。产于中国南方及西南各省区。木材坚硬、美观、避虫，宜制家具、箱子。

枝叶

雄伟壮观遮天日　东海古寺添灵气

福州西禅寺古榕

福州植榕，古已成风。特别是北宋时期，太守张伯玉倡导“编户植榕”，“满城绿荫，暑不张盖”，使福州有了“榕城”的美称。榕树四季常青、枝荣叶茂、雄伟挺拔、生机盎然，象征着福州城市精神风貌。福州城区有古榕树近千株，其中福州西禅寺内的一株千年古榕，相传是北宋冶平年间三位武官在此练武时植下的，树高 20 米，树荫覆盖面积达 1330 多平方米，可谓壮观之极。

巍巍大树千年榕

盘根交错一奇观

榕树气生根

树基

桑科小叶榕

Ficusconcinna Miq. Miq

福州罗星塔公园古榕

榕树是常绿大乔木，高 15~25 米，胸径 50~70 厘米。全株有乳汁。老枝上有气生根（榕须），下垂，深褐色。榕树的寿命长，生长快，侧枝和侧根非常发达。枝条上有很多皮孔，到处可以长出许多气生根，向下悬垂，像一把把胡子。这些气生根向下生长入土后不断增粗而成支柱根，支柱根不分枝不长叶。榕树气生根的功能和其他根系一样，具有吸收水分和养料的作用，同时还支撑着不断往外扩展的树枝，使树冠不断扩大。一棵巨大的老榕树支柱可多达千条以上。它的树冠可覆盖 6000 多平方米，被人们称为“独木成林”。

胡子万千空中垂　独木成林一大观

鼓浪屿百年古榕

桑科小叶榕

福建厦门鼓浪屿百年古榕

鼓浪屿古树中，榕树最多，可谓榕岛。目前，鼓浪屿仍登记在册的古榕树有 140 株，占岛上古树总数的 83.89%，其中二级古树有 16 株。古榕树在闽南等地被作为重要的风水树，树旺则家兴，故常得到当地村民的自发保护。榕树原产地为中国浙江南部至澳大利亚北部及南亚，是热带、南亚热带地区优良的风景树。

鼓浪屿岛榕树多　南国风情消人魂

根网如织

树冠如盖四季青　裸根纵横一奇观

好大根盘

桑科小叶榕
Ficusconcinna (Miq.) Miq

深圳市莲花山古榕

深圳莲花山公园东南角，有棵榕树的根系裸露出地面，在周围形成近百平米的根系范围圈，纵横交错，经纬如织，颇为壮观，引得往来游客纷纷驻足围观拍照。

古槐全景

豆科国槐
Sophora japonica Linn.

山东泰安市郊北望村石介槐

泰安市岱岳区徂徕镇北望村有一千年古槐，树高 20 余米，胸径约 2.6 米，主干基部有一大洞，洞内可对坐三人共饮。在古槐北面原有宋代大文人石介之墓，墓不幸毁于文革时期。石介为北宋兖州奉符人，家居徂徕山下徂徕镇桥沟村，少时家贫，但期志趣高远，自幼刻苦就读，于天圣八年中进士，任判官、国子监等职，是“泰山学派”创始人，世称徂徕先生。现石介墓已毁，碑刻等已荡然无存，只有这棵古树尚能窥当年石介墓之端倪。

堂堂世上文章主，幽幽地下埋今古；
直饶泰山高万丈，争及徂徕三尺土。
—— 苏东坡石介墓题记

树洞供台

干基

古树全景

豆科国槐
Sophora japonica Linn.

泰安市满庄镇南淳于魏槐

此树位于满庄镇南淳于村。据清《泰安县志》载："南淳于村北魏建武顶寺，槐植于寺大殿前，故传为北魏之物，随称魏槐。"古树胸围长 6.4 米，树荫面积约 100 平方米，树高约 20 米，树干中空，外青，老干虬枝，枝叶繁茂，堪称奇观。原有寺庙在文化大革命中不幸遭到严重破坏，1988 年自然倒塌。

千年古槐腹中空　瘤干虬枝露峥嵘

中空树干 见证沧桑

树基木瘤

巍巍大树

聊城市廊桥古槐

廊桥古槐位于聊城城区廊桥附近的运河岸边，树高近 20 米，胸径约 1.1 米，树龄在 500 年以上。其此树最大的特点是“老树抱新树”——在古槐的中央又长出了一棵新槐树，颇具特色。

干基腐烂成洞

巍巍大树河边立　树中生树续新篇

豆科国槐
Sophora japonica Linn.

山东山亭区毛宅村悬根槐

此树位于山东枣庄市山亭区北庄镇毛宅村（双龙大裂谷南 500 米），树高 30 米，冠幅 10 米，树龄约 300 年，主干根直径约 1 米，主干下方着生 26 条地上支柱根，这些支柱个根高 1 米，粗度多为 20~30 厘米，形成悬根状，当地称为“根托槐”，树形奇特，生长旺盛，一年二次开花，被敬为神明，经常有人来此烧香嗑头，祈福免灾。

二十六条悬空根 参天大树空中悬

古树全貌

悬根传奇

支柱根

洪洞县大槐树（仿生）

山西洪洞县大槐树

山西《洪洞县志》记载，明朝永乐年间，为均衡中原各地经济发展，当地官府曾七次在洪洞县城北大槐树左侧的广济寺，组织泽、潞、沁、汾和平阳各县没有土地及人多地少的百姓，迁往地多人少的其他中原地区，并给所迁之民以耕牛、种子和路费。被迁者拖儿带女，扶老携幼，在恋恋不舍地要离开家乡时，他们凝眸古槐，见栖息在树杈间的老鸹不断地发出声声哀鸣，想着自己这一生不一定能返回故土，就教导孩子们说："我们老家就在山西洪洞县有老鸹窝的大槐树。"原有大槐树距今已 1800 年，在清代顺治八年（1652 年）汾河发大水时被洪水冲毁。现在的大槐树是民国三年（1914 年）在原来大槐树的原址上造建的仿真植物。

问我祖先何处来　山西洪洞大槐树

大槐树寻根祭祖园

移民百相图

六百年古槐

豆科国槐
Sophora japonica Linn.

聊城市山陕会馆古槐

在山陕会馆内的两棵古槐树下，三三两两的游客纷纷驻足，感受古槐的古风古韵。这两棵古槐，树高约16米余，胸径约1.5米，已有五百余年树龄，为山陕会馆创建前“所购旧宅”中原有树木，历经沧桑，是山陕会馆众商创业史的美好见证。五百多年风雨侵蚀，古槐已经树干中空，仅余部分树皮维持古树生机，形成朝天洞奇观。

老骥伏枥

苍老之躯溢古韵　风花雪月六百年

临朐县大花龙潭村三结义槐

三结义槐远景

临朐县九山镇大花龙潭村有元代国槐三株。古槐主干虽中空，却依然枝繁叶茂，其中最大一株树高25米，胸径2.2米，冠幅21米，树龄640年。三株国槐同生相伴，当地人称三结义槐。

古槐三结义　生死同相伴

三结义槐近景

株景

老态龙钟度残年　生机全靠半张皮

豆科国槐
Sophora japonica Linn.

山东临朐县大花龙潭元槐

此树位于临朐县九山镇大花龙潭村西头，树高约 16 米余，胸径 1.6 米，树龄 660 年，系元代栽植。主干已中空，北向裂开一个大洞，洞内可容纳 3 人。树皮大部分已干枯。树冠中部枝叶繁茂，顶部树梢已枯死。

见证沧桑

树中人

河北邢台市火神庙明代古槐

河北邢台市火神庙有一棵明代的古槐，祖孙三代同根生。这棵迎门而立的明代古槐在枯败了百年之后，分别于 1993 年和 1998 年又在怀抱中孕育出两棵新的生命。新槐树的诞生恰恰在火神庙大规模维修完成前，三代同根，相依为命，令前来参观的人们赞叹不已。

三代槐奇景

三代同根生　庙门一奇观

一家三代

苍老之躯

豆科国槐
Sophora japonica Linn.

东昌府区五圣村槐祖

此树位于山东聊城市东昌府区郑家镇五圣村东头，按树龄推算，这棵古槐大约栽种于南北朝年间，是聊城最古老的一棵树，可谓聊城树中的王中之王。五圣古槐高 9 米，胸径 1.6 米，冠幅东西 7 米，南北 6 米，树龄在 1600 年以上。有一次北京一位 80 多岁的古树专家来到这棵古树前，称这棵古树在全国也算得上是“槐祖”。老人与古树合影后，激动得热泪盈眶，连声道：难得！罕见！简直是活化石！！

东昌古树多其多　槐祖隐居五圣村

残干新枝

古树冬景

古槐全貌

枝繁叶茂

运河对岸茶船

豆科国槐

山东东昌府区王口古槐

王口唐槐位于聊城市东昌西路以南，运河西岸。树高 18 米，胸围 4.2 米，冠如巨伞。古老的槐树成为千百年来聊城沧桑变化的见证，树干上裸露的大洞是最为明显的特征。洞口朝上，粗得可容两个成年人。地面到洞口这段树干近三米高，树干需要三个人才能合抱过来。

古槐叠荫三亩三　见证运河五百年

古槐全景

古槐基部

豆科国槐
Sophora japonica Linn.

山东临淄城关单家古槐

山东省淄博市临淄区雪宫中学院内有一古槐，主干高 4.8 米，树围 6.3 米。树中间已空，内可容数人。树干向阳处老皮龟裂，深可盈寸；背阴处已露木白，两旁皮层向里生长、延伸，欲裹不能，恰似树中有树，可谓奇观。据测算，此树已有八百余年历史。

浓荫华盖八丈三　树中抱树一奇观

鞠躬尽瘁

枯树争春

风蚀残年

豆科国槐

山东费县余店子古槐

南新庄乡余店子村的一棵古槐，已经有 1200 多年的历史，遗憾的是树木大部分枝干已经枯死，只有水泥柱撑起来那片枝干还生有枝叶。树高 8.5 米，胸围 4.5 米，形似蛟龙出水，极为壮观。此处原有二株古槐，东西相距 30 米。遗憾的是另一株在数年前已完全枯死了。

老态龙钟显神韵　岁月沧桑逾千年

株景

残基一分为四

豆科国槐
Sophora japonica Linn.

青岛王哥庄唐槐

青岛东台社区有一株古槐，树高 26 米，胸径 3.2 米，冠呈伞状，遮地面积近 700 平方米。该树植于唐朝末年，树名叫“槐庆德”，经历过多个朝代，树龄千余年。古槐中心腐朽、干裂，残分为四，在离地丈余的槐树枝腐穴处生出一株桃树，传说是在王母娘娘举行蟠桃会时，神仙将桃核扔在古槐的枯心中而生。此树虽中空体裂，但得水土之力，仍生机勃发、枝繁叶茂、华盖擎天，为崂山古树之尊，有“江北第一古槐”之美誉。

千年唐槐裂为四　尊称江北第一槐

古槐倒影

豆科国槐

Sophora japonica Linn.

北京市植物园三孔桥古槐

此古槐树高16米余，胸径80厘米，树龄约800年，以悠久的历史，磅礴雍容，奇绝苍健的形态文明于世。北京的古槐作为活的文物，将自然景观与人文景观融为一体，以顽强的生命传递古老的信息，记录了古都的文明发展史，为继承和发展古都风貌提供了活的依据。

奇绝苍健古风韵

三孔桥头一古槐

古槐雪景

洞槐望月远景

豆科国槐
Sophora japonica Linn.

邹城市孟庙洞槐望月

千年古槐横卧于孟庙寝殿西侧焚帛池院的西垣墙上，原树干直径在 6 米以上。现树干枯朽，在古槐树皮上又生长出新的树干，高大茂盛。中空的树干形成直径约 1 米的圆洞，入夜时分，透过树洞可以欣赏明月，颇具风趣，即为“洞槐望月”。

千年古槐庙墙卧　树洞之中观明月

洞槐望月近景

孔府大门内明代国槐

树大根深

豆科国槐

曲阜孔府大门内明代国槐

曲阜市孔府门院落二门前一株600余年古槐树，枝繁叶茂、遮天蔽日、长势旺盛，与孔府后花园假山、花坞、曲桥景观和名木花卉相映成趣。目前正值旅游旺季，吸引了众多中外游客在古槐大树下驻足观赏。

枝繁叶茂蔽天日　迎来八方仰圣客

豆科国槐
Sophora japonica Linn.

高唐县城东街感恩槐

古槐全貌

见证沧桑

文天祥原在南宋官拜兵部侍郎、丞相加少保，后封信国公。文天祥率宋军与元兵战于潮阳，溃败后被元军所俘，由一队元兵押解文天祥北上赴京治罪。一日他们早晨由东阿县出发，晚至高唐驿站住宿。文天祥看到驿站门前路边一字排开植有六棵国槐，北边的五棵因车碰马啃，已是生气无有的拴马桩了。最南边一棵最小者高不过丈，叶已落光，少皮无毛，命在旦夕。文天祥不顾神劳身疲，趁晚饭前休息之机，从驿站借得镢锨，在差人的跟随下，小心地将这棵伤残国槐幼树重新栽好，并以碎砖围起护坝，在浇足水后方回驿站吃饭。当时自命难保的文天祥，尽自己所能，挽救了一棵小树的生命。未想当年被文天祥救活的这棵小树，后来竟长成参天大树。文天祥至元十九年（公元1282年）十二月初九，在京城柴市从容就义。传说自从在文天祥就义后，此槐树千百年来每到深夜就会发出阵阵低沉的哭声，那是槐树感恩而发出悼念恩人文天祥的哭泣。

早发东阿县，暮宿高唐州。
哲人达机微，志士怀隐忧。
山河已历历，天地空悠悠。
孤馆一夜宿，北风吹白头。
——文天祥《夜宿高唐州》诗一首

长白山国家森林公园大门

长白山辽东冷杉林

辽东冷杉为常绿大乔木，高可达30米，胸径达1米。树冠阔圆锥形，老龄时则成广卵状伞形。幼树树皮淡褐色，不裂；老龄树皮灰褐色，呈不规则鳞状开裂。大枝开展，一年生枝条淡黄褐色，无毛、有光泽。适于风景区、公园、庭园及街路等的栽植。原产中国辽宁省东部、吉林东部、黑龙江东南部，是我国长白山区主要造林树种之一。

辽东冷杉林

长白山天池

亭亭玉立树形美　雄伟端正郁葱茏

黄山秀木

松科黄山松
PinustaiwanensisHayata

黄山探海松

奇松是黄山“四绝”之首，黄山无峰不石，无石不松。七十二峰，处处都有青松点染，如一支支神奇的画笔，把五百里黄山立雪傲霜，势冠苍穹，抹上了生命的色彩。于是，景美了，山活了，风动了，云涌了，雨多了，泉响了……连山石也有了灵气。难怪古人说：“黄山之美始于松。”

探海松近景

松石情 摄影 魏传法

黄山之美始于松　黄山秀木天下绝

黄山天柱峰 潘成 摄影

松科黄山松
Pinus taiwanensis Hayata

黄山天柱松赞

黄山松，我要为你呐喊，为你叫好，
谁有你更挺得硬，立得稳，站得高。
九万里雷霆，八千里风暴，
劈不歪，砍不动，轰不倒。
拔地而起，冲云破雾，
七十二峰，你峰峰皆到。
千姿百态，仙风道骨，
把黄山装扮的无比神奇美妙。

黄山秀木雪景

凤凰松 张卫东 摄影

松科油松
Pinustabuliformis Carrière

安徽九华山油松

九华山凤凰古松高 7.68 米，胸径 1 米，造型奇特，恰是凤凰展翅，故名凤凰松。主干扁平翘首，如同凤冠，两股枝干一高一低，状似凤尾，根部周围绿草如茵，松尾下有很大的圆石，人称“凤凰蛋”。这颗凤凰古松，史载植于南北朝，距今已有 1400 年的历史，如今仍然枝挺，叶茂，苍翠。凤凰松以其雄姿和传奇故事成为古今众多诗人、画家、摄影家的赞美诗和优美画幅中的主角，被誉为“天下第一松”，为我国十大名松之一。

九华山天台松雪景 张卫东 摄影

造型奇特凤展翅　千年古松天下绝

峰奇树秀

峨眉山极顶冷杉林

峨眉山最高峰海拔 3099 米，这一带人迹罕至，但冷杉林长势良好，林下杜鹃、箭竹丛生，景象优美。冷杉为乔木，树冠尖塔形。树皮深灰色，呈不规则薄片状裂纹。冷杉树代表顽强、坚忍不拔的精神，为我国西部高山海拔 2000~4000 米间特有树种。该树种耐荫性很强，喜冷凉而空气湿润，对寒冷及干燥气候抗性较弱，多生于年平均气温在 0~6 摄氏度左右，降水量 1500~2000 毫米左右。

峨眉山冷杉林 薛良全 摄

峨眉山冷杉雪景 薛良全 摄影

天上楼台山上寺　云边秀树月边僧

峨眉山金顶

松科白皮松

PinusbungeanaZucc

北京北海公园团城白袍将军

白袍将军全貌

此树位于北京市北海公园团城内，树高约 20 余米，胸径 2 米余，形挺拔潇洒、气宇轩昂，银白色的树干、翠绿色的树冠在蓝天与红墙金瓦的映衬下异常美丽。好似一位身披白色战袍的威武将军，守护在团城上。据说，“自嘉靖以来，每年皇宫要给俸米若干石”。就是说，皇宫每年要拿出一定数量的经费用于这棵树的保护，可见“将军”的地位之高。此树为金代所植，距今已八百多年。

名军大将数白袍百战百胜不可摧

基部树干

罗汉松荫笼观音阁

罗汉松科罗汉松

长沙麓山寺千年罗汉松

长沙岳麓山古麓山寺里，1500 年的古罗汉松为目前长沙市最老的古树。该树高 9 米，胸径 0.88 米，冠幅 100 平方米，树虽老，但干枝繁茂，树叶葱郁。这棵树为国内现存古罗汉松树龄最大的植株。罗汉松神韵清雅挺拔，自有一股雄浑苍劲的傲人气势，再加上契合中国文化“佛禅圣物”“长寿”“守财吉祥”等寓意，追求高品位庭院美化的主人往往喜欢种上一两株罗汉松，为打造自己的“园式物语”添上神来之笔。

树干

雄浑苍劲叶葱茏　佛禅圣物现佛门

大树扶摇而上

罗汉松果实

罗汉松科 罗汉松
Podocarpusmacrophyllus (Thunb.) D. Don

苏州东山灵源寺千年罗汉松

罗汉松位于东山灵源寺内。相传为梁代建寺时所植，树高 20 米，胸径 1.35 米，树龄约 1500 年，堪称天下之最。李根源先生曾在《吴郡西山访古记》载：“入灵源寺，罗汉松一本，大可数抱。臃肿轮囷，蟠崛扶疏，殿庭荫满”。文革中，寺里其它古树名木被砍，用来造房或农具，由于这株罗汉松的枝干是带着纹路盘上去的，材质利用率不高，而没有砍伐。后来，村民在松下栽桔树，为了不使松枝遮太阳，而被锯截斧砍，修成光杆树，古松严重破形。罗汉松此高龄在全国仅有两株，另一株在长沙麓山寺。

臃肿轮囷　蟠崛扶疏

三清山台湾松（巨蟒出山）

松科台湾松

Pinus taiwanensis

江西三清山台湾松

台湾松别名黄山松、天日松、台湾油松、台湾二针松、短叶松等。树皮灰褐色，鳞状脱落。大枝平展。幼树树冠圆锥形，老树冠顶较平，呈广伞形。1 年生枝淡黄褐色或暗红褐色，无白粉，无毛。冬芽深褐色，微被树脂。针叶二针一束，稍粗硬，通常长 7~10 厘米。台湾松树姿雄健优美，最适合植于山岳风景区、山林绿地中。黄山、三清山风光就是以松称绝而蜚声中外。台湾松原产我国，广泛分布于台湾、浙江、安徽、江西、福建等省名山大川。

树姿雄健枝平展　南方名山露峥嵘

松科武陵松
Pinusmassoniana Lamb

湖南张家界黄石寨武陵松

武陵松是张家界国家森林公园所特有的一树种，因身材矮小、耐旱而生长在武陵山脉一带所得名。武陵松于 1988 年由中南林业科技大学植物分类专家祁承经教授发现并命名。它是马尾松的变种，它与马尾松的区别在于树形较矮小，针叶短而粗硬，果球种子较原种小，喜生于悬崖、绝壁及山顶之上。武陵松为这千万奇峰披上生命的色彩，如果没有武陵松的绿，还有如此壮观的张家界秀美奇山吗？

张家界黄石寨奇石秀木

武陵源里三千峰 峰峰十万八千松

三清山奇石秀树

松科三清松
Pinussanqingensis

江西三清山三清松夕照

三清山的三清松大都顶平如伞，主干苍老遒劲，桠枝飘曳交叉，如龙昂首，如凤展起，而且成林成片，蔚为壮观。三清山的古树名木是三清山景区自然景观四绝之一，植物资源异常丰富。根据调查鉴定，三清山的珍稀树种有三清松、白豆杉、香果树、华东黄杉、华东铁杉、福建柏、木莲、高山黄杨等，这些多为国家保护树种，不仅有很高的经济价值，而且有很高的观赏价值。

偶来高山松树下　静听松风心自凉

第七篇·流苏篇

盛花景观

木犀科流苏
Chionanthusretusus Lindl.et Paxt

山东淄博市峨庄流苏树王

位于山东省淄博市峨庄古村落国家森林公园内。相传战国时期，齐桓公于公元前 685 年为庆贺计脱悬羊山之围，取得齐国王位，宴封文武大臣时所栽，至今已有近三千年的历史。经专家考证，这株流苏树树韵雍容华贵，树形之大，树龄之长，为山东第一，被省林业厅命名为“齐鲁千年流苏树王”。每年五一节前后，是流苏树的盛花期，花开如浓云，洁白如雪，馨香四溢，沁人肺腑，是淄川区峨庄乡的标志树。

花如浓云空中飘 洁白如雪香四溢

花形

古树全景

木犀科流苏

Chionanthus retusus Lindl.et Paxt.

山东平邑县西固村流苏

平邑县地方镇西固村，有一棵神奇的千年古树雪萝树（又名娑萝）。该树是清朝乾隆三年由地方镇前西固村马氏三公所植，已有 400 余年树龄。此树高 15 米，树围 4.6 米，树冠呈张开的伞状，枝干虬曲，花朵针絮状，纯白色。每年农历三四月间，此树花开烂漫，如云如雪，香气袭人，十分素洁幽雅。因此每年此时，吸引众多游人到此观赏。

千年神奇雪萝树　如云如雪花烂漫

二搂未尽

大树景观

木犀科流苏
Chionanthusretusus Lindl.et Paxt.

苍山县孔庄古流苏

此树躯干硕大高耸，树高约近 30 米，胸围约 5.5 米，树龄 1200 余年。树身上下有不少的空洞，可容 3~4 孩童出入玩耍。树身的另一面，长着大大小小的天然树瘤，疙疙瘩瘩，这应是岁月留给它的沧桑纪念！仰望躯干之上，层层叠叠尽是茂密的叶子，每年五月初仍能开出满树白花，千百年来不知疲惫地为这里的人们撑起绿荫。古树活了千百年，也修炼了千百年，在众人眼里，它早已通灵成仙了。

千年古树能争春　树干孔洞可藏人

大树基干空洞

千年流苏

遮天蔽日

苍老树干

木犀科 流苏

Chionanthus retusus Lindl.et Paxt.

山东邹城市孟府古流苏

孟府流苏树从空中俯瞰，流苏树巨大的树冠覆盖了整个院落，却不显一丝的张狂之气。簇簇白花，如覆霜盖雪一般，“银装素裹”般点缀着满园的春色，清新、高雅，像雪一样洁白，展示着一种淡雅、含蓄之美。故有“千年流苏四月雪”之美誉。花开总有时，孟府流苏树的花期仅十天左右。所以，每年的这个时候，慕名而来赏花、拍花的人络绎不绝，不少游客还是第一次见到这种奇特的景色。

千年流苏四月雪　铺天盖地春满院

木犀科流苏
Chionanthusretusus Lindl.et Paxt

山东青州雀山流苏游记

从青州西环出发，途经普通社区，直达邵庄镇政府驻地，走西路经河庄、刁庄即到雀山，沿路的流苏如期绽放，一路车水马龙，游人如织。游赏完流苏花再向南两华里，既达雀山白云洞，洞口有八百年的唐代流苏繁花盛开，一汪清池碧波荡漾。洞中神仙按序排坐，静观世上众生来来往往。池边有亭，亭中有石桌凳，在此稍事休息。

漫道流苏树 黄元刚 摄影

游人如织一千米 车水马龙赏流苏

银光大道 黄元刚 摄影

第八篇·胡杨篇

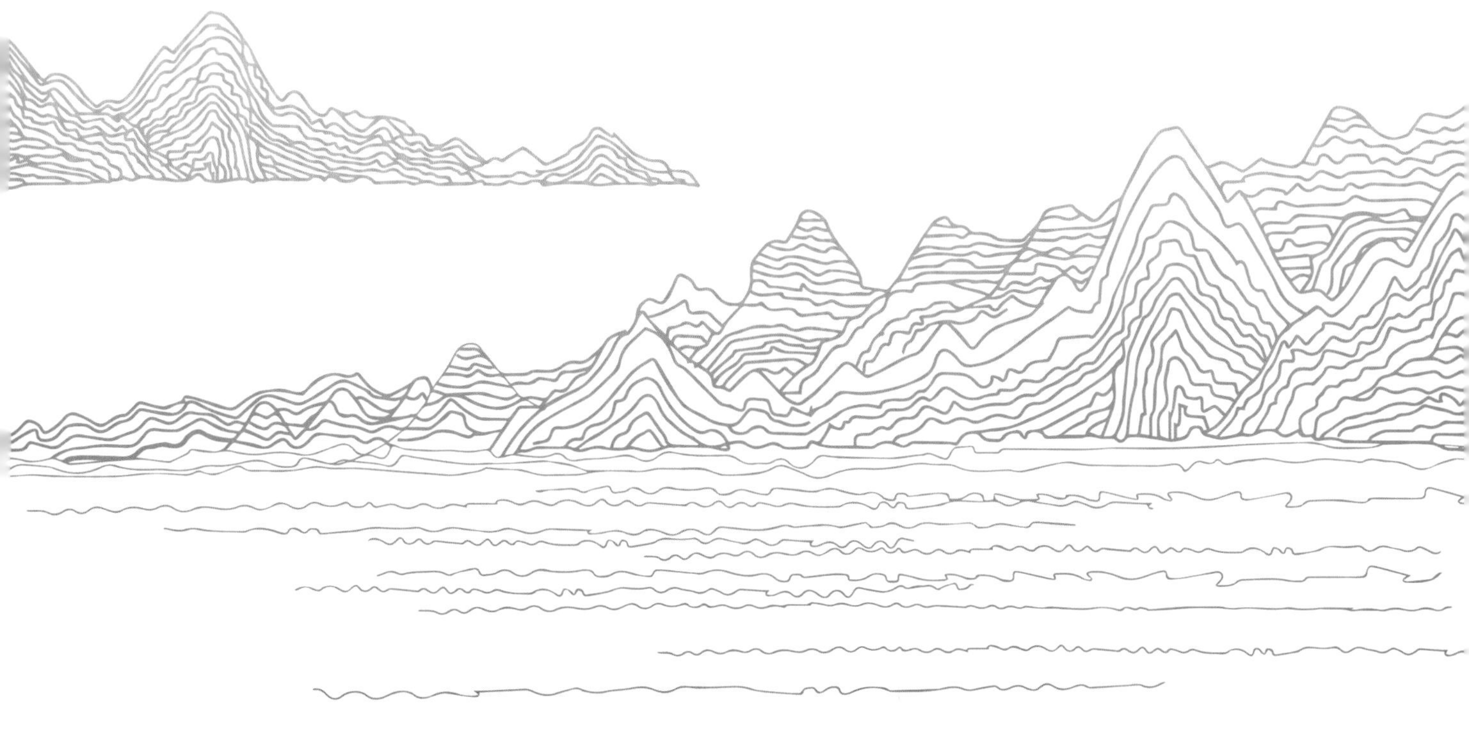

神树全貌

杨柳科胡杨
Populuseuphratica

内蒙额济纳旗胡杨神树

这棵“神树”位于额济纳旗达来呼布镇以北 25 公里处。在额济纳 567 万亩的天然林中，生长着一棵被当地人称为“神树“的胡杨树。树高 23 米，主干直径 2.07 米，需 6 人手拉手才能围住，堪称额济纳胡杨树之王。每到冬末初春，远近牧人便虔诚地来到“神树”前诵经祈祷，祈求风调雨顺，草畜兴旺。在这棵千年“神树”周围 30 米内，又分生长出 5 棵粗壮的胡杨树，牧人们把它们叫做“母子树”，远远望去颇为壮观。

为神树披挂的哈达

巍巍壮观胡杨王 经幡猎猎来祈祷

顽强的生命 摄影 郭新

杨柳科胡杨

新疆轮台县胡杨古树

新疆维吾尔自治区轮台县地处天山南麓、塔里木盆地北缘，这里有世界上面积最大、分布最密、存活最好的“第三世纪活化石”——40余万亩的天然胡杨林，分布于该河床地带。虽然胡杨林结构相对简单，但具有很强的地带性生态烙印。无论是朝霞映染，还是身披夕阳，它在给人以神秘感的同时，也让人解读到生机与希望。

大漠英雄树 神州生命赞

大漠牧曲 摄影 裴洪斌

死而不倒 摄影 李君

千年胡杨古树

古树自行部分干枯以减少水分蒸腾

沧桑岁月

杨柳科胡杨
Populuseuphratica

内蒙额济纳旗胡杨古树

胡杨蒙古语称为“陶来”，是落叶乔木，木质纤细柔软，树叶阔大清香。胡杨耐旱、百涝、耐风沙，生命顽强，是自然界稀有的树种之一。额济纳胡杨林区是世界仅存三处胡杨林之一，且保护最为完整。现有数百年的胡杨，仍枝繁叶茂，领尽大漠浩瀚风骚，是大自然独钟的奇迹。

顽强生命风采　浩瀚大漠奇迹

参天而立

杨柳科毛白杨

济南趵突泉五将军杨

济南趵突泉一行，参天而立的五棵大杨树格外引人注目，人称“五将军杨”，树高在35米以上，胸径约1.5米，树龄近百年。在有风的天气里，树叶被吹的哗啦啦的直响，颇具野趣。白杨是我国北方特有的树种，北从辽宁南至江苏，东从山东西至甘肃，都有它的踪迹。现在已是首都北京主要行道树种。它的树杆通直高大呈粉绿色，树姿雄伟壮丽，树皮上缀着参差不齐的褐色菱形皮孔，有的散生，有的连成一片，像是艺人用小刀专门镌刻在上面的几何图案，整个树干显得青翠欲滴，斑斓可爱。

四将军白杨

二搂有余

大漠孤柳

杨柳科旱柳
Salix matsudana Koidz

甘肃敦煌大漠孤柳

月牙泉古柳地处甘肃省敦煌市西南 5 公里的月牙泉西侧约 100 米处，树高 3.14 米，地径 2.86 米，树龄 160 余年。此树生长在库姆塔格沙漠边缘，土壤极度干旱瘠薄，但仍能坚持生长，几经风雨，百年沧桑，是大漠古泉沧桑变化的历史见证。

守候绿洲斗风沙 百年沧桑活见证

大漠绿洲

株景

茎干

果实

豆科皂荚

烟台市
黄海植物园皂荚

烟台黄海植物园有一株 200 年生皂荚树，树高 20 米余，干径 80 厘米，生长旺盛，每年开花结果，树干基部中空，以皮代干，其顽强的抗争精神令人感动。

第十三篇·古榆篇

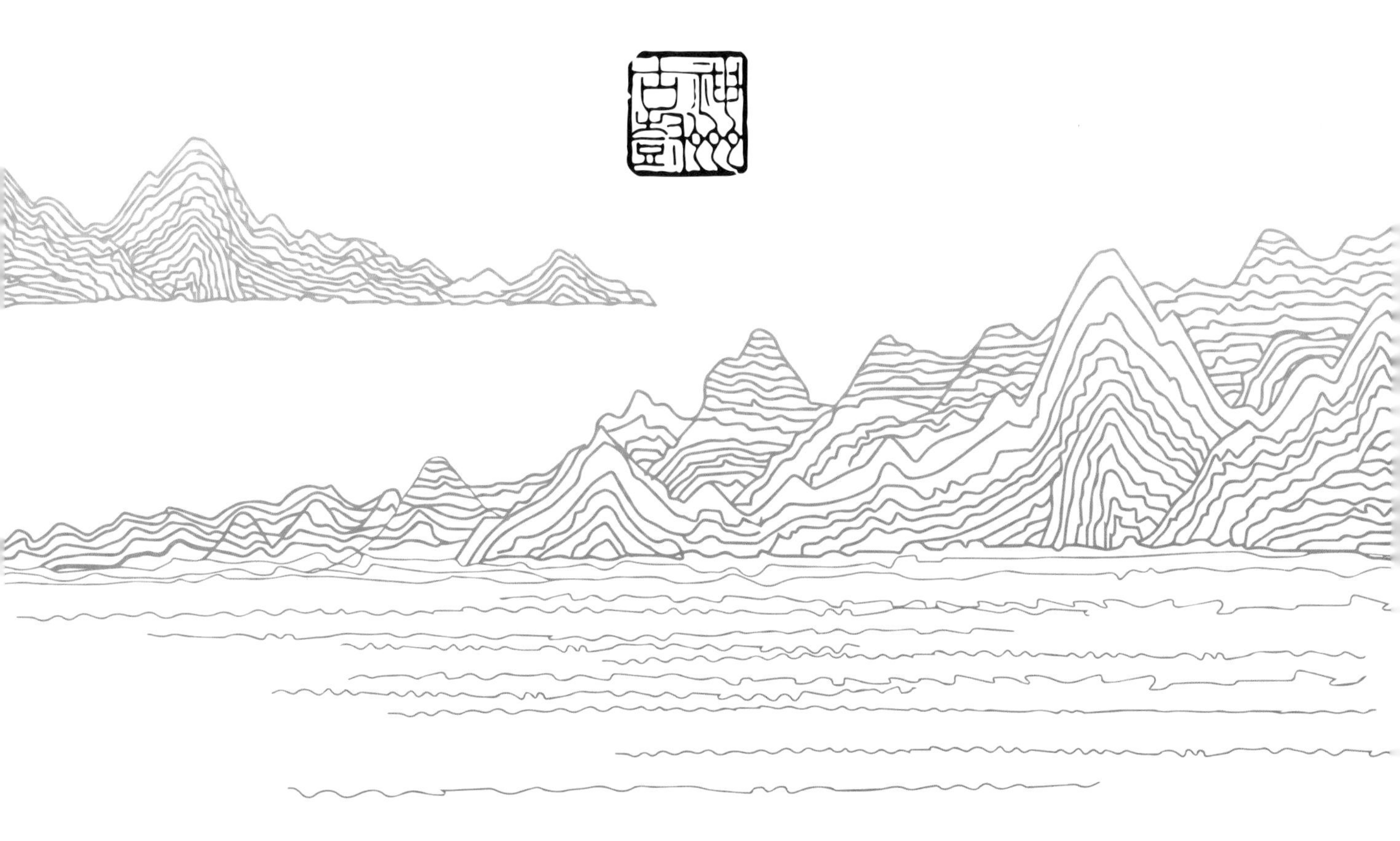

株景

榆科糙叶树

Aphanantheaspera (Thunb.) Planch.

崂山
太清宫龙头榆

此树位于山东省青岛市崂山太清宫逢仙桥旁，树龄 1100 年。古树主干虬曲，结节突出，形状近似龙头，故又称为“龙头榆”。据记载，此树是五代时崂山著名道士李哲玄亲手所植。“龙头榆”旁有一大石，刻有“逢仙桥”和宋太祖赵匡胤敕封崂山道士＂华盖真人刘若拙＂的记事。相传刘若拙在一个大雪后的除夕清晨，在此处遇到一位老人，交谈一番后，觉得老人的学问高深。待老人离去时才发现半尺深的积雪上竟没有老人行走的脚印，方知遇到了仙人，而这仙人，正是这“龙头榆”修炼成仙的化身。

主干虬曲似龙头 逢仙桥旁为化身

主干

叶

古树全貌

榆科大果榉

Zelkova sinica Schneid.

河北磁县炉峰山大果榉

此树位于河北省磁县炉峰山山顶玄帝庙遗址处，海拔 1088 米。树高 14 米，地径约 2 米余，当地称为青榆，果号称“华夏第一榆”。该大果榉树为建庙时栽植（玄帝庙建于明万历年间，有碑证），至今树势仍生长旺盛，在地上 3 米处分枝，冠荫亩余，雄伟壮观，树龄已 2400 年。

雄伟壮观大果榉　沧桑岁月二千年

古树雄姿

太阳岛老榆树

榆科白榆

Ulmuspumila L.

哈尔滨太阳岛大榆树

太阳岛风景区位于哈尔滨市新旧城区之间，总面积为 88 平方千米，其中规划面积为 38 平方千米。太阳岛是一处由冰雪文化、民俗文化等资源构成的多功能风景区，也是中国内的沿江生态区，成千上万、形态各异的老榆树组成了太阳岛独特的风景线。太阳岛风景名胜区四季分明，冬季漫长寒冷，而夏季则显得短暂凉爽，春、秋季气温升降变化快，属于过渡季节，时间较短。

北国江南天堂美　婆娑神韵大榆树

榆树雾凇　陈钢　摄

小镇雪景　陈钢　摄

俄罗斯别墅主妇

百年榔榆株景

榆科榔榆

山东嘉祥县赵庄百年榔榆

山东嘉祥县赵庄村内有一株百年榔榆，树高 16.8 米，胸径 34.5 厘米，生长旺盛，树势挺直，格外雄伟壮观。榔榆不同于家榆，属秋花植物，在秋季开花，而普通家榆属春花植物，在春天开花结果。榔榆树皮具有斑驳花纹，特别美丽。

拔地而起冲霄汉 树皮斑驳美如画

斑驳树皮

百年古榆

飞天雕塑

榆科白榆

Ulmuspumila L.

甘肃敦煌古榆

敦煌石窟飞天榆位于石窟前广场，树高约 12 米，直径约 1.2 米，冠幅直径约 9 米，树龄已百年余，抗风沙，耐干旱瘠薄，生长旺盛，是风景区内理想的遮荫树。

百年古榆立敦煌 决战大漠在西

莱芜独路村古板栗

独路村老板栗树在房前屋后、地头堰边、沟岔石隙随处可见，成片集中在 3 个山坳里。据初步测定树龄在 500 年以上的 2200 棵，其中树龄最高的上千年，树龄在 100 年以上的 6000 多棵，是莱芜最大的古树群，为“山东第一古栗林”。其中最大的古栗树高 13.5 米，最小的 10.5 米；胸围最大的 445 厘米，最小的 275 厘米；冠幅最大的 11 米，最小的 9.8 米。老板栗树历尽沧桑，仍树老长新枝，活力不衰，叶翠欲滴，实属罕见，专家考证为“唐朝板栗群”。

主枝

开肠破肚传奇

全株景观

莫说橡树不长寿百年麻栎也争春

茎干

果实

壳斗科麻栎
Quercusacutissima Carruth

山东徂徕山古麻栗

徂徕山国家森林公园东端，有隐仙观在溪东岸坐北面南依山势叠筑而就。景区面积700多万平方米，植物树种主要以松、柏、刺槐、麻栗、经济林为主。其中百年以上古麻栗有百余株，树形尽管老态龙钟，奇形怪状，但仍能开花结果，引人入胜。

雪染武当橡林 摄影 周功霞

银装素裹 摄影 蒲玉书

壳斗科麻栎

湖北武当山橡子林冬景

湖北武当山，2500 年的道教场地，山上山下长满了橡子树（麻栎），每年冬天千里冰封，万里雪飘，好一片北国风光。加以拥有众多道家与武学传奇，更是吸引着无数摄影爱好者前来猎奇。使人们充分感受到武当山独特的仙风道骨，古朴雄奇。

银装素裹武当山 晶莹剔透橡子林

多彩柽柳

柽柳科柽柳

盘锦湿地柽柳林

盘锦是驰名中外的湿地之都，生态家园。世界第一芦苇荡、天下奇观红海滩，独特的自然风貌使盘锦成为富有个性的旅游城市。织就红海滩的是一棵棵纤弱的碱蓬草，可以在海滩盐碱土质上生长发育。每年 4 月长出地面，初为嫩红，渐次转深，10 月由红变紫。不要人撒种，无需人耕耘，一簇簇，一蓬蓬，在盐碱卤渍里，年复一年地生生死死，酿造出大片、大片火红的生命邑泽。

仙鹤飞来 刘文忠 摄影

观景九曲栈桥

柽柳苍翠芦苇荡 万亩湿地红海洋

第十七篇·梨枣篇

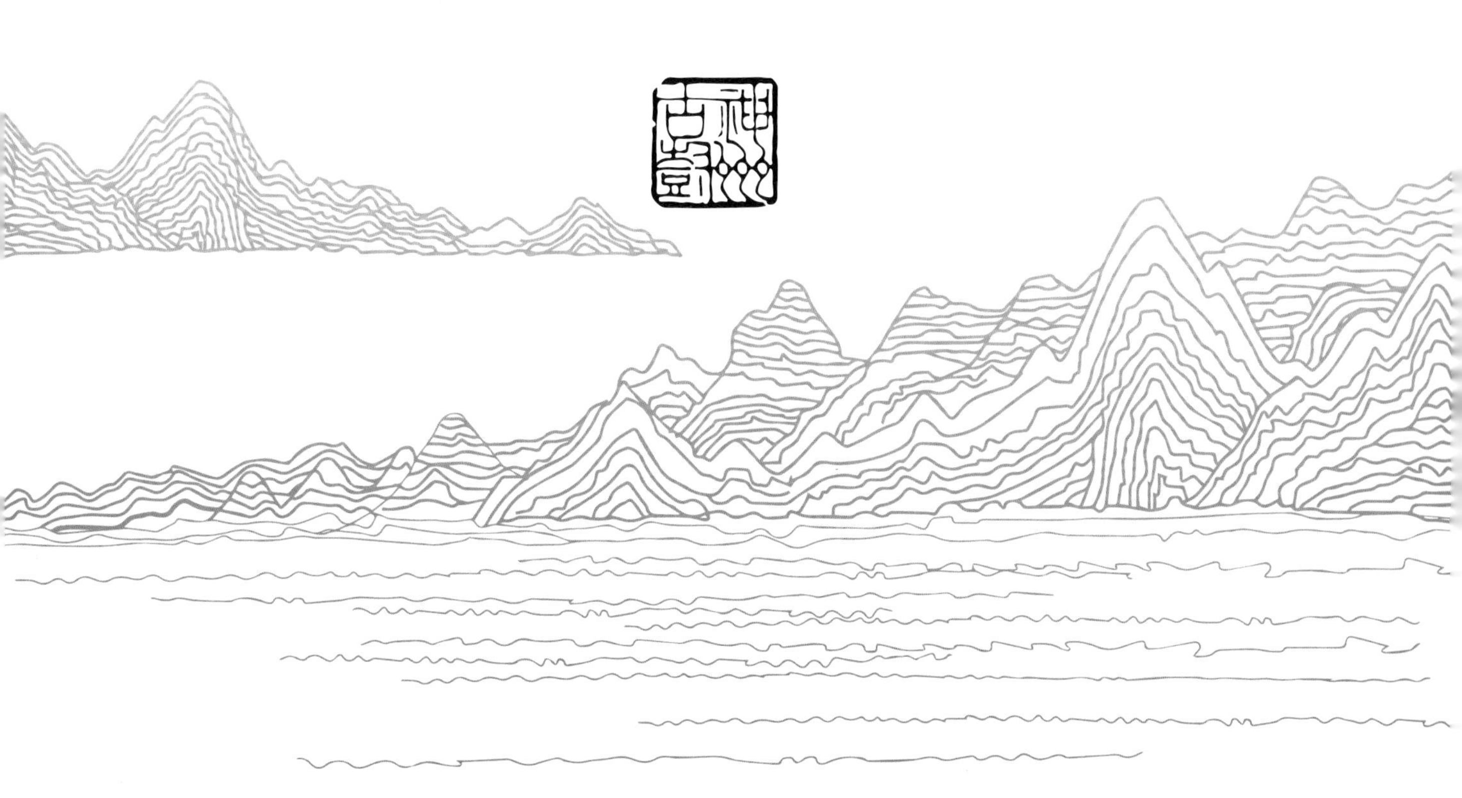

千年沧桑

鼠李科枣
Ziziphus jujuba Mill

山东庆云县唐枣

唐枣位于庆云县城北 11.5 公里周尹村东北一里许，北傍漳卫新河。相传为隋末唐初所植，其绿荫红果惠及人间历千余载而不衰，实乃世之奇珍。据八十年代初期全国树论文集所载资料，唐枣为中华枣树之最，当受之无愧。古树历经岁月磨励，苍干虬枝，至今仍春抽枝芽，夏展绿荫，秋收红果，尤其在霜雪雾霭的原野上，赤裸、苍老的残桩，更显千年古树的壮美。

赤裸苍干显壮美 绿荫红果惠人间

古树残桩　古树果实

山西省高平市石末乡酸枣王

山西省高平市石末乡石末村，有一棵生长了两千年的老酸枣树，它的树干有一个大洞，东面已经完全枯死，而西面的枝叶还很茂盛，这在灌木类的植物中实属罕见，被当地人称为“酸枣王”。对于灌木类植物的酸枣树来说，一般长到杯口粗细便会自然干枯。然而，位于石末村东南的这棵“酸枣王”，竟高 12 米，直径 2.5 米，需要 5 个成年人合抱才勉强合拢。已然成为空洞的树干里面，可以站立 10 多个人，树干西面的树皮斑斑驳驳，呈现出各式各样的图案，十分奇特。

四百年贡梨树

蔷薇科梨树

Pyrus serotina

莱阳市四百年贡梨树

莱阳市贡梨园中百年以上的古梨树有 36 棵。其中，古代专为皇上进贡的梨树有 2 棵，这也是贡梨园中最大的看点，这两棵 400 多岁 “高龄” 的贡梨树所产的莱阳梨，曾经送往北京给毛主席品尝过。每年除了给梨树施加中科院专门给配的营养液之外，还给贡梨树喂豆子、豆饼、豆粕和一定数量的土杂肥，最关键的是还要给每棵贡梨喂上 50 斤牛奶，喝了这些牛奶，结出来的梨果口味更香甜。为了提升关注度，果农还在梨上刻上“贡” “福” 等吉祥文字，每个梨可卖到百元以上。

千树梨花千树雪　一溪杨柳一溪烟

占尽天下白

冷艳欺雪

第十八篇·黄栌篇

三峡红叶

雪落西陵峡

黄栌秋叶

漆树科黄栌

Cotinus coggygria Scop.

长江三峡红叶

三峡红叶是以一种叫黄栌的红叶灌木植物为主而形成，是我国三大自然奇观之一。黄栌灌木树干粗多为 2~5 厘米，2~3 米高，叶片圆形、光滑。入秋以后，黄栌叶内的花青素增多，气温的下降又使叶绿素遭到破坏而消失，因此绿叶变成了红叶。三峡红叶红如火、艳似霞，国内独一无二。专家分析，三峡峡谷高数百米至上千米，昼夜温差大，使黄栌的花青素形成更多，颜色红得也就更纯正。

金秋三峡红烂漫　天下奇观醉游人

红叶谷全景

层林尽染

山东济南红叶谷黄栌

红叶谷生态文化旅游区位于济南市历城区仲宫镇，距济南市区 33 公里。红叶谷风景区占地 300 多万平方米，植被以野生的黄栌灌木丛为主。春天，柳暗花明，群莺鸣翠，红的碧桃、白的梨花、黄的连翘，星罗棋布地点缀在一片生机盎然的山林中；夏日，飞瀑湍流，山风送爽，谷长景深，流水潺潺，是难得的避暑胜地；秋天，登高送目，万山红遍，层林尽染，美不胜收；冬日，白雪皑皑，玉树琼花，阳光纯净而明媚。

一谷红叶夺人目　万山红遍染霜天

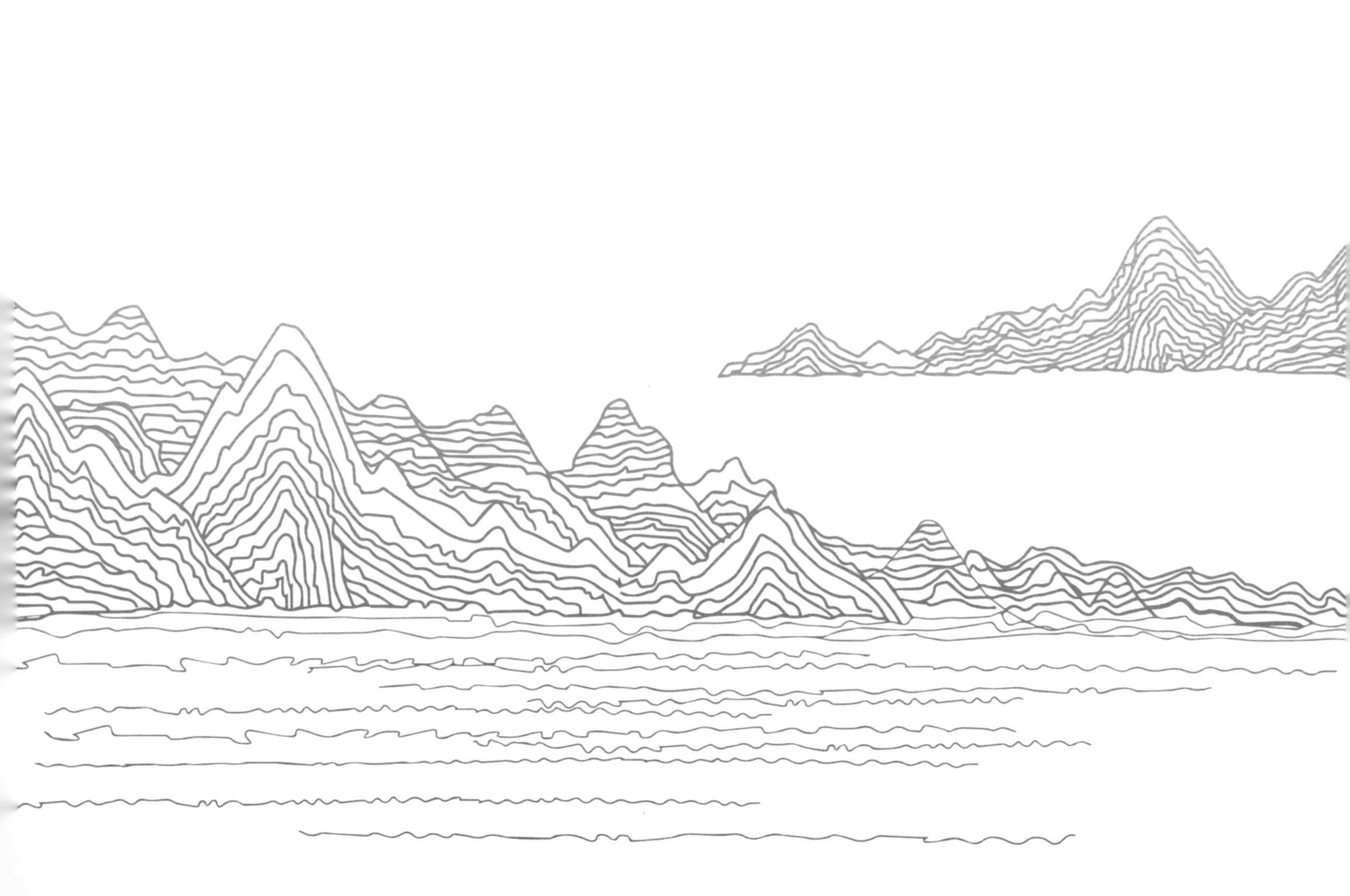

第十九篇·菩提树篇

黄葛树板状根

黄葛树全貌

菩提树叶

桑科黄葛树

Ficusvirens Ait. var. sublanceolata (Miq.) Corner

成都昭觉寺黄葛树

成都昭觉寺有一株很大的黄葛树，树高近 26 米，胸径 2 米余，冠幅 25 米余，生长旺盛，雄伟壮观。黄葛树，别名菩提树、黄桷树、大叶榕树、马尾榕、雀树。它在佛经里被称之为“圣树”，旧时风俗，黄葛树只能在寺庙、公共场合才能种植，家庭很少种植。黄葛树属高大落叶乔木。茎干粗壮，树形奇特，悬根露爪，蜿蜒交错，古态盎然。树叶茂密，叶片油绿光亮。枝杈密集，大枝横伸，小枝斜出虬曲。树体划上一刀，“伤口”会分泌出白色的黏糊糊的液体。其寿命很长，千年以上大树常见。

佛门道场菩提树 悬根纵横一奇观

百年红花檵木

金缕梅科红花檵木

湖南长沙橘子洲头红花檵木

此树生长在长沙橘子洲头公园东侧，树高近3米，胸径约30厘米，树龄百年余。红花檵木又名：红继木、红梽木、红桎木、红檵花，为金缕梅科、檵木属檵木的变种，常绿灌木或小乔木。树皮暗灰或浅灰褐色，多分枝。嫩枝红褐色，密被星状毛。花瓣4枚，紫红色线形长1～2厘米，花3～8朵簇生于小枝端。花期4～5月，花期长，约30～40天，国庆节能再次开花。主要分布于长江中下游及以南地区。

檵木红花岁末生　花红似火满吉庆

花与叶

巨型青年毛泽东雕像

太清宫白山茶

千年山茶白如雪　寒冬开花醉游人

白山茶花

山茶科山茶花
Camellia japonica

青岛
太清宫白山茶花

在青岛的崂山，巧遇一棵白茶花树。树高约 5 米，胸径约 30 厘米，树的岁数已无从查考，据传此树为明代著名道人张三丰从江南移栽而来，至少已有七、八百岁。茶花树无言，却告诉我生命的无常，因为它看尽了王朝的兴衰起落。茶花树无语，却告诉我它经历的每一次的风风雨雨，只要经得起考验，就会变得更强大。

杜鹃花科杜鹃花

青岛市大珠山万亩杜鹃花

每年 4 月大珠山整个山谷的万亩野生杜鹃花陆续迎春绽放，进入赏花期。如果有连续几天不断的雨水滋润，山上的杜鹃花显得更娇嫩鲜美。待到 4 月全面绽放时，成片的杜鹃花红遍整个山谷，极为壮观，很适合春天踏青赏花。同时，为了营造良好的赏花环境，近年来大珠山还在景区沿途移植栽培了大量的杜鹃、迎春等花卉，如今，随着这些花卉相继迎春开放，从景区门口一直到珠山秀谷山顶一路鲜花相伴，形成了一条名副其实的赏花大道。

菏泽牡丹园景观

毛茛科牡丹
Paeoniasuffruticosa Andrews

山东菏泽明代牡丹王

作为国内最大的牡丹植株，是有着 400 年“高龄”的菏泽明代牡丹王，且多年来始终保持着旺盛的生长势头。菏泽牡丹研究所总工张长征先生介绍说，此牡丹王原围栏在使用 10 余年时间后，随着枝干的伸长，原有的空间已不能满足牡丹王的生长需求，需要重新扩大面积。这株栽种于明代的牡丹王称为“玉翠荷花”，每年都要开花数百朵，花色格外鲜艳、雅致，吸引着众多游客驻足观看。尽管今年气候干燥，但枝头仍挂满花苞，预计今年开花将超 440 余朵。

玉翠荷花牡丹王　沧桑岁月四百年

牡丹研究所总工张长征先生（左）在介绍牡丹珍稀品种花

菏泽明代牡丹王

奇异果实 张铭华 摄影

卫矛科陕西卫矛
Euonymus schensianus Maxim.

山东昌邑市饮马镇金丝系蝴蝶

此树位于昌邑市饮马镇田家庄子村，树高约 2.8 米，根径约 25 厘米，树龄约 50 年。陕西卫矛为卫矛科卫矛属落叶大灌木或小乔木，高达数米。原产陕西、甘肃、四川等地，是优良的秋季观果植物。它枝叶茂密，蒴果四棱下垂，成熟后呈红色，开裂后露出橙黄色的假果皮。果梗下垂，果形奇特，似金线悬挂着蝴蝶，故称金丝系蝴蝶。蒴果经久不落，被风一吹，远观似群蝶飞舞。深秋黄叶与深红叶相间，配上悬挂的果实，饶有风趣。

风吹奇果群蝶舞　金丝系蝶报春潮

金丝系蝴蝶 张铭华摄影

成熟果实

红色假种皮

千年苏铁古树

苏铁科苏铁
CycasrevolutaThunb.

福州涌泉寺千年铁树

福州鼓山涌泉寺三棵铁树距今 1000 多年，相传里侧的一棵雌树是唐五代后梁闽王王审知种植的，外侧的那棵雌树是涌泉寺第一代开山祖师神晏所植。而雄树据说是上世纪 70 年代从西禅寺移植至此。书中还提到，相传这三棵铁树种植第 600 年后才第一次开花，第 605 年开第二次。而如今寺内的工作人员老周说，他来福州这几年，这三棵铁树几乎年年开花，尤其是 2005 年三棵开了 10 余朵花，甚为壮观。

千年铁树连理生　始花要等六百年

雌花　雄花

百年立式金银花

忍冬科金银花

Lonicera japonica Thunb.

泰山老君堂百年金银花

本株金银花位于泰山老君堂，树高 2.5 米，根径约 15 厘米，树龄在百年以上。金银花，三月开花，五出，微香，蒂带红色，花初开则色白，经一、二日则色黄，故名金银花。又因为一蒂二花，两条花蕊探在外，成双成对，形影不离，状如雄雌相伴，又似鸳鸯对舞，故有鸳鸯藤之称。金银花自古被誉为清热解毒的良药。它性甘寒气芳香，甘寒清热而不伤胃，芳香透达又可祛邪。金银花既能宣散风热，还善清解血毒，用于各种热性病，如身热、发疹、发斑、热毒疮痈、咽喉肿痛等症，均效果显著。

树形婀娜叶翠绿　鲜花艳丽可入药

花枝

第二十一篇·珍稀古树名木篇

百年沙枣行道树

胡颓子科沙枣

Elaeagnusangustifolia L.

甘肃嘉峪关沙枣

沙枣别名七里香、桂香柳，落叶乔木或灌木，高 5~10 米，无刺或具刺，刺长 30~40 毫米，棕红色，发亮；幼枝密被银白色鳞片，老枝鳞片脱落。叶薄纸质，矩圆状披针形至线状披针形，上面幼时具银白色圆形鳞片，成熟后部分脱落，带绿色，下面灰白色，密被白色鳞片；果实椭圆形，粉红色，密被银白色鳞片；花期 5~6 月，果期 9 月，有香味。

身披盔甲白茫茫　仙风道骨十里香

沙枣果实

偌大文官果树 新华社记者范德明摄影

无患子科文冠果
Xanthoceras sorbifolium Bunge

陕西合阳县皇甫庄文官果王

此树位于渭南市合阳县皇甫庄乡河西坡村，树龄约 1700 年，树高 12 米，胸围 6.13 米，主干从基部裂开而成两部分。如此古老高大的文冠果树，极其罕见，虽历经千百年风雨，仍春华秋实、生机盎然，被村民视为福树、官树。陕西文官果古树留存无论从数量和种类上都较为可观，而其中最为让人称赞的就要数被评选为“陕西十大古树名木”之一的这株“文冠果王”。

千年风雨文冠果　陕西十大古树王

花枝

果实

重阳木古树

大戟科重阳木
Bischofiapolycarpa (Levl.) Airy Shaw

陕西安康大同镇重阳木

这棵被保护起来的古树生长在汉滨区大同镇长胜小学操场中间，树干上挂着的“古树名木保护牌”，树名为重阳木，树龄 500 年，树高约 10 米，胸径 1.75 米。重阳木为落叶乔木，高达 15 米，胸径 50 厘米，有时达 1 米；树皮褐色，厚 6 毫米，纵裂；木材表面槽棱不显；树冠伞形状，大枝斜展，小枝无毛，当年生枝绿色，皮孔明显，灰白色，老枝变褐色，皮孔变锈褐色；芽小，顶端稍尖或钝，具有少数芽鳞；全株均无毛。三出复叶托叶小，早落。花雌雄异株，春季与叶同时开放，组成总状花序；果实浆果状，圆球形，直径 5~7 毫米，成熟时褐红色。花期在 4~5 月，果期 10~11 月。暖温带树种，属阳性。喜光，稍耐荫。喜温暖气候，耐寒性较弱。

岁月沧桑五百年 四人同抱尚有余

果实

千年红豆杉

红豆杉科红豆杉
Taxus Linn.

景德镇汪村千年红豆杉

在江西景德镇瑶里汪村里有一株千年的红豆杉，树高 30 余米，根径 2.2 米余，树龄千年以上。此处有一片古红豆杉林，树木参差不齐，稀奇古怪，甚为壮观。红豆杉可是世界上公认的濒临灭绝的天然珍稀抗癌植物，是经过了第四纪冰川遗留下来的古老树种，资源极为珍贵。

古老孑遗化石树树形奇特能抗癌

红豆杉林

果实

古楸全貌

紫葳科楸树

Catalpa bungei C. A. Mey

山东青州范公祠唐楸

青州市范公祠内的唐楸伟硕而苍劲。最大的一株，树围6米，高12米，树冠覆盖面积都在70平方米左右，他们尽管主干都已中空，大桠杈也已枯，但仍老枝新芽，绿叶苍翠，生机盎然。据史料记载，宋代范仲淹为青州知州时，率领官民于三官庙遗址（今范公亭处）挖井汲水，造福当地百姓，并在井旁植槐若干株，将其时已有的楸树予以保留，因此唐楸宋槐并生存于今。

雄伟苍劲逾千年 天下第一楸树王

苍翠依旧

楸树花

主干

花枝

相思树树冠景观

豆科台湾相思树

深圳台湾相思树

台湾相思是常绿乔木，高 6~15 米，无毛；枝灰色或褐色，无刺，小枝纤细。苗期第一片真叶为羽状复叶，长大后小叶退化，叶柄变为叶状柄，叶状柄革质，披针形，长 6~10 厘米，宽 5~13 毫米。头状花序球形，金黄色，有微香；荚果扁平，长 4~9（12）厘米，宽 7~10 毫米；花期 3~10 月；果期 8~12 月。原产中国台湾，菲律宾也有分布。

木兰科紫玉兰
Magnolia liliiflora Desr.

青岛空疗百年木兰

青岛空疗后院有二株百年木兰，俗名紫玉兰，树高近20米，冠径16米余，花朵艳丽怡人，芳香淡雅，来访者无不惊叹不已。紫玉兰孤植或丛植都很美观，树形婀娜，枝繁花茂，是著名的庭园、街道绿化植物。紫玉兰列入《世界自然保护联盟》植物红色名录。紫玉兰不易移植，是非常珍贵的花木。

树形婀娜多姿　红花烂漫芬芳

百年木棉树

木棉科木棉

Gossampinus malabarica (DC.) Merr.

福建厦门木棉风景树

木棉又名红棉、英雄树、攀枝花、斑芝棉、斑芝树、攀枝，属木棉科，落叶大乔木，原产印度。木棉是一种在热带及亚热带地区生长的落叶大乔木，高 10~25 米。树干基部密生瘤刺，以防止动物的侵入。木棉外观多变化：春天一树橙红；夏天绿叶成荫；秋天枝叶萧瑟；冬天秃枝寒树，四季展现不同的景象。木棉花桔红色，3～4 月开花，先开花后长叶，树形具阳刚之美。木棉的花大而美，树姿巍峨，可植为园庭观赏树，行道树。

木棉花

树姿挺拔阳刚美　春花满树红彤彤

株景

棕榈科加拿利海枣
Phoenix canariensisHort.EX Chaub

杭州西湖加拿利海枣

加拿利海枣是国际著名的景观树，生长在非洲西岸的加拿利岛。1909 年引种到台湾，20 世纪 80 年代引入中国大陆。中国热带至亚热带地区可露地栽培，在长江流域冬季需稍加遮盖，黄淮地区则需室内保温越冬。其单干粗壮，直立雄伟，树形优美舒展，富有热带风情，广泛应用于公园造景、行道绿化。

伟岸挺拔形奇特 热带风情海之韵

组景

凤凰木行道树

豆科凤凰木

广东深圳凤凰木行道树

凤凰木别名金凤花、红花楹树、火树、洋楹等。豆科，落叶乔木，高可达 20 米。树冠宽广。二回羽状复叶，小叶长椭圆形。夏季开花，总状花序，花大，红色，有光泽。荚果木质，长可达 50 厘米。凤凰木因鲜红或橙色的花朵配合鲜绿色的羽状复叶，被誉为世上最色彩鲜艳的树木之一。凤凰木是非洲马达加斯加共和国的国树，也是厦门市、台湾台南市、四川攀枝花市的市树，广东省汕头市的市花，民国时期广东湛江市的市花，汕头大学、厦门大学的校花。

叶如飞凰之羽　花若丹凤之冠

花枝

风景树

大王椰子行道树

棕榈科大王椰子

Roystonearegia (HBK.)O.F. Cook

南方行道树大王椰子

大王椰子主干通直，浅褐色，生长速度缓慢，广泛应用于南方城镇道路绿化，作行道树、园景树等。其实不适用作行道树，因不能遮阴。单树干，高 15～20 米高耸挺直，叶羽状全裂，小叶披针形。核果阔卵形。幼株干基肥大，随成长逐渐转为上部粗大。干的环纹圈圈明显，干面灰白平滑，胸径可达 50～80 厘米。

高耸挺直拔地起　羽叶四射佛蓝天

第二十二篇·古树保养技术篇

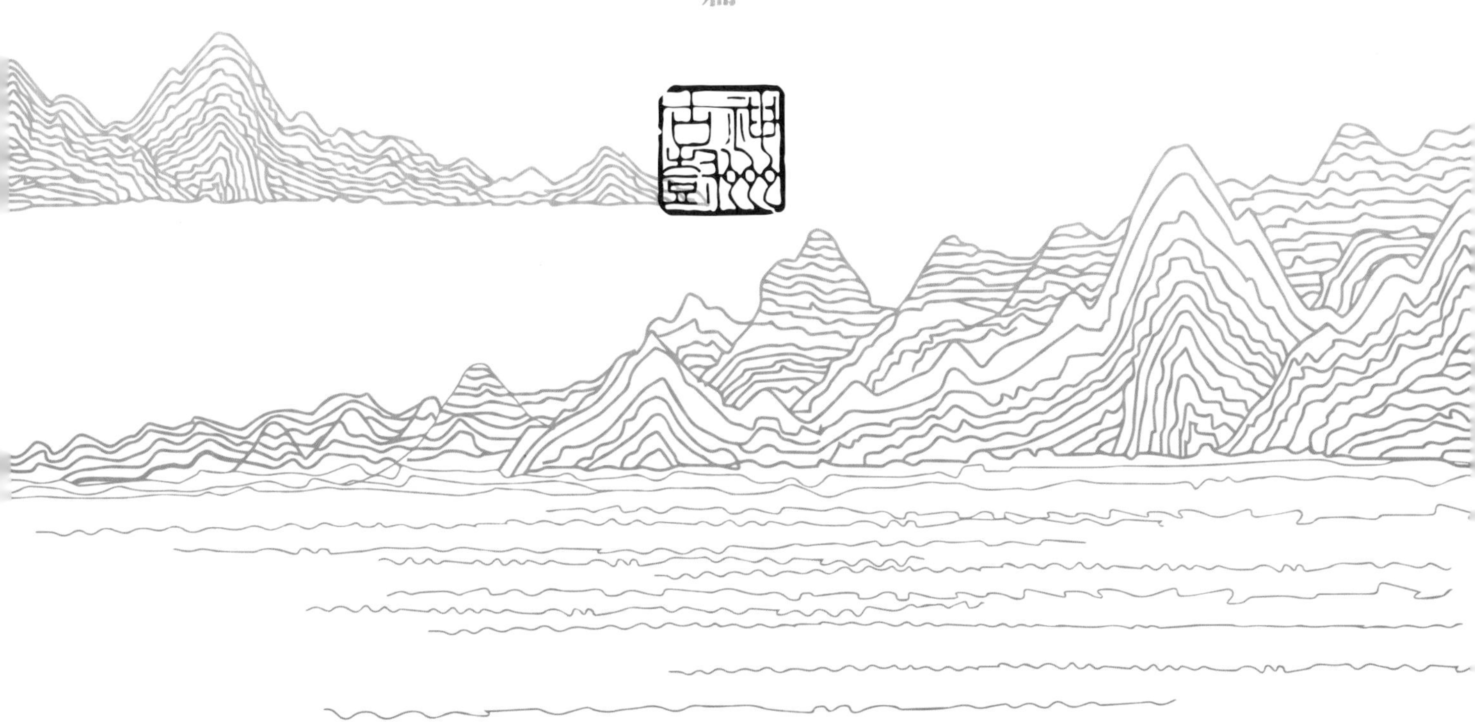

一、一般养护

1、保护树皮严禁在树体上锭钉、缠绕铁丝、绳索、悬挂杂物或作为施工支撑点和固定物，严禁刻划树皮和攀折树枝，发现伤疤和树洞要及时修补。对腐烂部位应按外科方法进行处理。

2、围栏。一级古树名木及生长在公园绿地或人流密度较大、易受毁坏的二、三级古树名木设置围栏保护。围栏与树干距离不小于1.5米，特殊立地条件无法达到1.5米的，以人摸不到树干为最低要求。围栏内种植一些地被植物，以保持土壤湿润、透气。

3、每年应对古树名木的生长情况作调查，并做好记录，发现生长异常需分析原因，及时采取养护措施并采集标本存档。

4、根据不同树种对水分的不同要求进行浇水或排水。高温干旱季节，根据土壤含水量的测定，确系根系缺水的情况时浇透水或进行叶面喷淋。根系分布范围内需有良好的自然排水系统，不得长期积水。无法沟排的需增设盲沟与暗井。生长在坡地的古树可在其下方筑水池，扩大吸水和生长范围。

5、古树长时间在同一地点生长，土壤肥力会下降，在测定微量元素含量的情况下进行施肥。土壤中如缺微量元素，可针对性增施微量元素，施肥方法可采用穴施、放射性沟施和叶面喷施。

6、修剪古树名木的枯死枝、梢，事先应由主管技术人员制定方案，报主管部门批准后实施。修剪要避开伤流盛期。小枯枝用手锯锯掉或铁钩钩掉。截大技应做到锯口保持平整、做到不劈裂、不撕皮，过大的粗枝应采取分段截枝法。操作时应注意安全，锯口应涂防腐剂，防止水分蒸发及病虫害侵害。

7、古树名木树体不稳或粗枝腐朽且严重下垂，均需进行支撑加固，支撑物要注意美观，支撑可采用刚性支撑和弹性支撑。

8、定期检查古树名木的病虫害情况，采取综合防治措施，认真推广和采用安全、高效低毒的农药及防治新技术，严禁使用剧毒农药。化学农药应按有关安全操作规程进行作业。

9、树体高大的古树名木，周围30米之内无高大建筑应设置避雷装置。

10、对古树名木要逐年做好养护记录存档。

二、特殊养护

古树名木生长在不利的特殊环境，需作特殊养护，进行特殊处理时需由管理部门写出报告，待主管部门批准后实施，施工全过程需由工程技术人员现场指导，并做好摄影或照相资料存档。

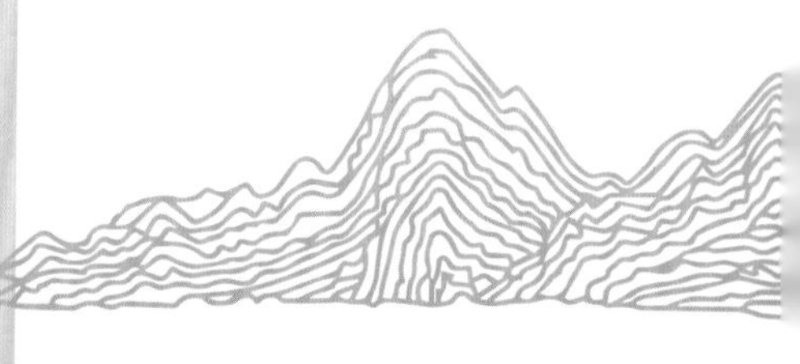

1、土壤密实、透水透气不良、土壤含水量大，影响根系的正常生命活动，可结合施肥对土壤进行换土。含水量过高可开挖盲沟与暗井进行排水。

2、人流密度过大及道路广场范围内的古树名木，可在根系分布范围内（一般为树冠垂直投影外2米），进行透气铺装。通气铺装的材料应具有较好的透水、透气性，应根据地面的抗压需要而采用不同的抗压性材料。透气铺装可采用倒梯形砖铺装、架空铺装等方法。

3、由于土质的变化，引起土壤含水量的变化。对地下积水处如因地下工程漏水引起的，需找到漏点并堵住。如因土质含建筑渣土而持水不足，应结合换土、清除渣土、混入适量壤土。

第二十三篇·古树移栽技术

张伟兴等

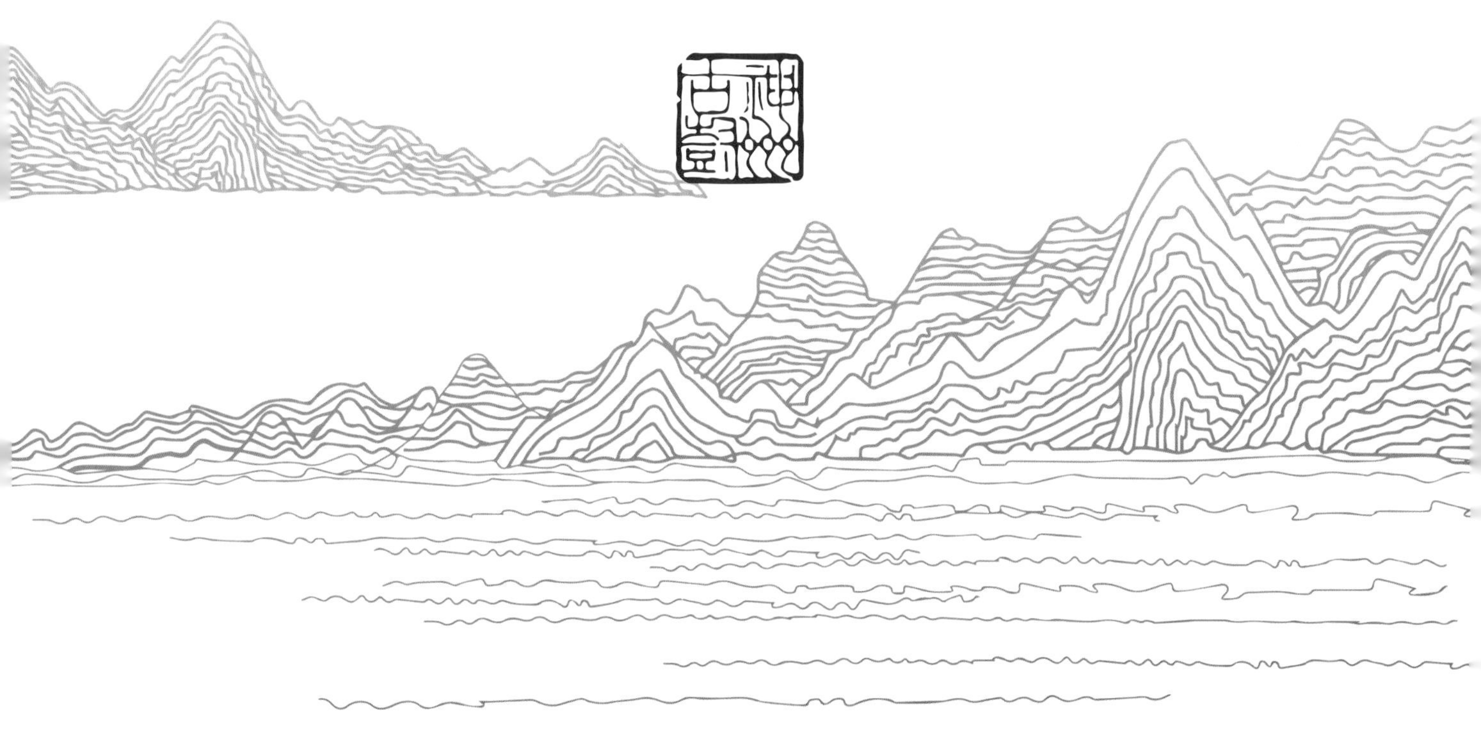

随着社会经济的发展以及城市建设水平的不断提高，单纯地用小苗栽植来绿化城市的方法不能满足目前城市建设的需要，特别是重点工程，往往需要在较短的时间就要体现出其较好的绿化美化效果；新建的公园、游园、星级的宾馆饭店等场所，要尽快使绿化见效果，这些都要求我们要移植相当数量的大树来进行绿化装饰。因此，如何提高施工技术使大树移植成活尤为重中之重。

一、移栽后导致死树的主要原因分析

我们通过调查发现，大树主要来源为：郊区的自然林、闲散土地上的大树、建设用地中的大树、山地苗圃中的大规格苗木。这些大树的移植是一项专业工程，大树移栽后成活率的高低，与工程中的每一个环节都紧密相关，结合实践我们调查发现，造成大树移栽后死亡有几个常见的主要原因。

1、树种、树木选择不适宜

⑴树种原栽植地和移栽地纬度跨度过大，树种生态适应幅度窄，树木难以适应新栽植环境的温、湿度条件；

⑵长期生活在山坡背阴面的树木移栽到阳光明亮的地区因光照条件不适应逐渐死亡；

⑶再生能力较低的古树，没有经过复壮和宿根培养而进行移植；

2、土壤条件不适宜

⑴土壤因素造成。喜酸树木栽植在碱性土壤中，或与之相反；

⑵土壤过粘重，后期浇水不能浇透，或土壤积水导致根系严重缺氧而活力低下甚至根系腐烂；

3、修剪时期不合适宜或修剪过轻、过重。如松树类在割胶期间过重剪枝会造成伤流使树木死亡；

4、栽植技术不适当

（1）栽植前放置时间过长，放置过程中保水措施不力导致树体失水过多，细胞活力低下；

（2）栽植过浅或过深；

（3）高岗、山坡或缺水的地方，移栽后浇水不透；

（4）树坑上大下小，放置栽植树木时出现悬根现象，即多数毛细根系实际没有与土壤充分结合，叶部蒸腾失水和根系吸水明显失衡。这也是死树的最重要的原因；

（5）反季节栽树，没有疏枝、遮荫，其它保活措施也不力。

（6）栽植时填土不坚实或没有及时打支撑而造成土球见水散球；

二、大树移栽过程要点详解

理论和实践均认为，保证大树移植成活的基本原理在于根据树种习性，掌握适当的移栽时期，尽可能地减少根系损伤，适当剪去树冠部分枝叶，及时灌水，创造条件以调整地上部分与根系间的生理平衡，使根系和枝叶尽快恢复生长。

1、移栽前准备

（1）对大树进行灌溉，按预留土球的大小对大树进行断根：

①采用多次移植法

②回根法

③断根环剥法

（2）对树木进行编号和定向，在树干标定南北方向，使其移栽后仍能保持原方位，以满足对避荫及阳光的需求；

（3）使用生根剂，如“速生根”2 克兑水 40 公斤对叶部进行均匀喷雾，促进次生根大量在断根处长出。

2、定植前的修剪

应分不同的品种修剪枝叶、摘叶、摘心、剥芽、摘花疏果，刈伤、环剥。

若截干的大树，通常在主干 2 ～ 3m 处选择 3 ～ 5 个主枝，在距主干 55 ～ 60cm 处锯断，并立即用塑料薄膜扎好锯口，以减少水分蒸发和雨水侵染伤口，其余的侧枝、小枝一律在齐萌芽处锯掉。

3、移栽时期的选择

一般选择在树液流动缓慢时期，这时可减轻树体水分蒸发，有利提高成活率。最佳移栽时期是早春和落叶后至土壤封冻前的深秋，树体地上部处于休眠状态，带土球移栽，加重修剪，有利于提高成活率；

若需盛夏移栽，由于树木蒸腾量大，移栽大树不易成活，如果移栽必须加大土球，加强修剪、遮荫、保湿也可成活，但费用加大。

4、挖掘和包装

大树移栽时，应尽量加大土球，一般按树木胸径的 8 ～ 10 倍挖掘土球进行包装，以尽量多保留根系。在挖掘过程中要有选择的保留一部分树根际原土，以利于树木萌根。具体操作：以树干胸径的 8 ～ 10 倍来确定土球直径，以树兜为中心，在四周由外向内开挖，起树时要做好土球完整性，最后用蒲包材料加草绳包装。大树的树干和主枝最好也用草绳包干。

5、大树吊运

大树吊运是大树移植中的重要环节之一，直接关系到树的成活。一般采用起重机吊装或滑车吊装，汽车运输的办法完成。树木装进汽车时，要使树冠向着汽车尾部，根部土块靠近司机室。树干包上柔软材料放在木架上，用软绳扎紧，树冠也要用软绳适当缠拢，土块下垫木板，然后用木板将土块夹住或用绳子将土块缚紧在车厢两侧。非适宜季节吊运时还应注意遮荫、补水保湿，减少树体水分蒸发。

6、大树定植

起树前就开挖好移植穴，大树运到后必须尽快定植，定植时按照施工要求，分别将大树轻轻斜吊于定植穴内，撤除缠扎树冠的绳子，将树冠立起扶正，仔细审视树形和环境，移动和调整树冠方位，要尽量符合原来的朝向，并保证定植深度适宜，然后撤除土球外包扎的绳包（草片等易烂软包装可不撤除，以防土球散开）。

7、栽后养护管理

要求程序化操作：支撑——浇水——摘叶、疏枝——枝杆保湿——营养吊瓶——叶面施肥——病虫害防治

（1）缺水地区将使用保水剂如“坪安保水晶”（法国爱森公司生产）与回填土均匀搅拌，分层夯实，把土球全埋于地下。在浇足透水的情况下，“坪安保水晶”可以持水、保水 2 个月，足以供给此间大树用水；

（2）根据大树生根的难易程度，将生根剂如“速生根”20 克兑水 600 ～ 2000 公斤，结合土壤杀菌剂如根腐消、恶霉灵、敌克松等正常用量，灌足浇透，消毒、促根同时进行。

（3）支撑树干。大树移栽后必须进行树体固定，以防风吹树冠歪斜，同时固定根系利于根系生长。一般采用三柱支架固定法，将树牢固支撑，确保大树稳固。通常一年之后大树根系恢复好方可撤除。反季节栽树如果枝条没有疏剪或疏剪量小，还要及时做好遮荫处理；

（4）水肥管理。春季相对容易管理。6 ～ 9 月间是最难管理的时期，此段大部分时间气温在 28℃以上，且湿度小。如管理不当造成根干缺水、树皮龟裂，会导致树木死亡。这时的管理要特别注意：一是遮阳防晒；二是根部灌水；三是保持树干树叶湿润。春季雨水少，空气温度大，这时主要应抗旱。冬季要加强抗寒、保暖措施。一要用草绳绕干，包裹保暖。

（5）栽后施肥。大树移栽损伤大，栽后第一年不能施肥，根据树的生长情况第二年早春和秋季施 2 ~ 3 次施农家肥或叶面喷肥，以提高树体营养水平，促进树体健壮。同时，防止肥料过浓对根部的伤害，慎重使用。

（6）病虫害的防治。大树通过锯截、移栽，伤口多，萌芽的树叶嫩，树体的抵抗力弱，容易遭受病害、虫害，如不注意防范，造成虫灾或树木染病后可能会迅速死亡，所以要加强预防。刚长出的枝叶极易引发蚜虫为害，可用多菌灵或托布津、敌杀死等农药混合，稀释 1200 倍药液喷施防治。分 4 月、7 月、9 月三个阶段，每个阶段连续喷本次药，每 7 天一次，正常情况下可达到防治的目的。

三、促进移栽树木成活的先进技术介绍：

1、几种行之有效的移栽技术简介

（1）根系蘸浆法

对于小苗木，挖出后无论裸根或带土球立即蘸泥浆（混有生根剂效果更佳），是提高保活率的重要措施；

对于大冠苗木，先将好土填入树坑适量，倒水打泥浆，再将树根（带土球）部分放入使之充分与泥浆黏合，避免了悬根，也就避免了死树最重要的原因。

（2）浅栽高培土法

树木适当深栽（以原先栽植深度为参照），有利于保活，但成活后因根系呼吸受抑而活力不强，不利于生长；

树木适当浅栽，不利于保活，但成活后因根系呼吸通畅而生长速度较快。

浅栽高培土法弥补了以上栽植方法的缺陷。具体方法为：浅栽后实行高培土（高培土相当于深栽，有利于保活），树木成活后将高培之土除去（相当于浅栽，树木根系呼吸良好）。

（3）浇水方法的改进

传统的浇水方法，是树木移栽后浇定根水，一般均为从上往下浇，从外往里浇。第一次容易浇透，若土壤过粘形成板结，第二次浇水就很难浇透，看起来上面已成泥浆，但深处依然干燥（部分树木死亡的另外一个重要原因）。

改进的浇水方法为“从下往上浇，从里往外浇”。具体做法：在传统使用的塑料水管头部接上长约 1 米左右的水管喷枪，向下插入土层深处浇水，在浇水时间并没有延长的情况下能彻底浇透。

（4）树干保湿法

①裹薄膜

②缠草绳

2、生根剂的使用

上世纪四五十年代人们发现，将浸过柳枝的水浸泡插条，能促进插条成活。化学家经过深入研究，发现柳枝中所含的这种促进生根的物质叫“萘乙酸”。通过进一步研究，化学家又发现，能够促进生根的物质（调节剂）还有很多，如吲哚乙酸、海藻素，甚至连维生素 B1、B2、B6、葡萄糖、硼酸、三十烷醇等都有促进生根的作用。但最重要的三种生根调节剂是萘乙酸（促进主根生长，草本植物促根作用明显）、吲哚丁酸（促进根毛生长，大树移栽能否成活基本取决于新生根毛的数量），海藻酸（海洋生物提取物，对主根、毛细根均有较好的促发作用）。

以上主要种类均易溶于酒精，难溶于水（如以萘乙酸、吲哚丁酸为主要成分的某生根粉需要用酒精调和），因此使用很不方便，甚至有时会带来危险，如 2001 年，某地一家园林公司在使用酒精调和生根剂时造成火灾，造成车毁人亡。

国外企业和部分国内企业通过科研攻关，目前已将以上“生根剂类制品”制成了极易溶解于水的钠盐，使用方法简便，成本也低了很多。常见类型有浓缩型（如著名生根产品速生根），直接用原药制成（将萘乙酸钠、吲哚丁酸钠、海藻酸钠等二十余种促生根材料螯合），体积小，携带方便，随用随稀释，也因包装成本低而售价较低、单比使用成本低；稀释型（如市场上常见的大桶生根产品），使用时再进一步稀释，缺点是稀释比例小、携带不很便利，优点是被用户看起来很实惠。在大树移植时的使用方法一般有两种：喷施和浇灌。

3、伤口涂抹剂的使用

伤口涂抹剂大多是以农用凡士林为主要原料，搭配消毒剂、渗透剂、表面活性剂等成分制作的一种膏剂，另外还有白漆、红漆、蜡封、泥封（掺杀菌剂如百菌清、多菌灵等）。

伤口涂抹剂主要用于大树，主干、主枝被截除后伤口过大，使用该剂既可有效防止伤口感染，又能有效防止水分过量蒸发。

4、树体吊瓶的使用

为树木“输液”是上个世纪八十年代以来首先由川化院提出的为大树补充营养的一种方法。该方法对于古树复壮意义重大，对于普通的大树移栽保活也有其特有的作用。在树干上打孔后，吊瓶所“输”向树体的液体包含了树木必须的多种微量元素、维生素和调节剂，特别是其所含的调节剂对于增强树体的抗逆性有着较好的作用。

5、抗蒸腾剂的使用

常见的抗蒸腾剂有两种抗蒸腾原理：

（1）半透膜型。如几丁质，喷施在植物表面后，形成一层半透膜，氧气可以通过而二氧化碳和水不能通过。植物呼吸作用产生的二氧化碳在膜内聚集，使二氧化碳浓度升高，氧气浓度相对下降，这种高二氧化碳低氧的环境，抑制了植物的呼吸作用，阻止了可溶性糖等呼吸基质的降解，减缓了植物的营养成分下降和水分的蒸发。

（2）闭气孔型。脱落酸（ABA）、聚乙二醇、长链脂肪醇、石蜡、动物脂、异亚丁基苯乙烯、1－甲基－4－(1－甲基乙基）环己烯二聚体、3,7,11－三甲基－2,6,10－十二碳三烯－1－醇、二十二醇和一个或两个环氧乙烷的缩合物（HE110R）等，在茎叶表面成膜或提高气孔对干旱的敏感性，增加气孔在干旱条件下的关闭率，而降低水分的蒸腾率。

另外，多效唑、黄腐酸、磷酸二氢钾等药肥合理组配，均可使植株叶绿素含量普遍较高，降低水分蒸发。

6、保水剂的使用

自上世纪八十年代末，保水剂开始在土壤比较干旱的地区推广，但因使用成本较高，农民难以接受，推广人员才把保水剂的使用重新定位于附加值较高的园林绿化植物上。

保水剂多是树脂类物质，自身不能生产水分，但吸水强度极为惊人，如目前法国爱森公司生产的保水剂吸水比率最高的（商品名为坪安保水晶）能达到千倍以上。国内同类产品的吸水比率多在200～400倍之间，已完全能够满足生产的需要。该类产品吸收水分后，急剧膨胀，所含水分太阳很难蒸发，但却能够被植物的根毛有效吸收，水分释放期一般在40～60天之间。该物质在土壤中的降解期一般为1～2年，此期间可以反复利用。一般情况下，使用一次就能基本解决保水问题。

在大树移栽方面，保水剂多用于干旱严重或浇水较为困难的区域（如高速公路、荒山绿化等），在种植前拌种或大树移栽时和回填土掺匀填入数坑，以抗干旱。

7、基因激活剂的使用

基因激活剂主要成分为脱落酸类物质，在一定浓度下主要促进植物酶的活性，增强植物抗逆性如抗旱、抗寒、抗病能力，可以加快植物的生长速度。配合其他措施进行时有明显增强效果和“提速”的作用，单用时效果不明显。